高等学校“十二五”规划教材

数理逻辑引论

（修订版）

李 涛 张 岩 刘 峰 主 编
任世军 主 审

哈爾濱工業大學出版社

内容提要

数理逻辑是离散数学的重要组成部分之一，是计算机科学的数学基础。本书内容主要侧重于逻辑演算，即命题逻辑演算和一阶谓词逻辑演算，这些内容是构成数理逻辑其他分支的共同基础。全书共分5章，分别介绍了数理逻辑的研究对象、研究内容和研究方法；命题逻辑的基本概念、命题逻辑演算形式系统的组成、基本定理及其性质定理；一阶谓词逻辑演算形式系统的基本概念、组成、基本定理及其性质定理、一阶语言的语义等。

本书可用作高等院校计算机专业离散数学的教材或教学参考书，也可供从事计算机科学、人工智能方面研究的科技人员参考。

图书在版编目(CIP)数据

数理逻辑引论/李涛，张岩，刘峰主编. —2版—哈尔滨：哈尔滨工业大学出版社，2016.8(2024.6重印)

ISBN 978-7-5603-6146-8

Ⅰ.①数… Ⅱ.①李… ②张… ③刘… Ⅲ.①数理逻辑-高等学校-教材 Ⅳ.①O141

中国版本图书馆CIP数据核字(2016)第179481号

责任编辑 王桂芝
出版发行 哈尔滨工业大学出版社
社　　址 哈尔滨市南岗区复华四道街10号 邮编 150006
传　　真 0451-86414749
网　　址 http://hitpress.hit.edu.cn
印　　刷 辽宁新华印务有限公司
开　　本 880mm×1230mm 1/32 印张 4.625 字数 120千字
版　　次 2011年11月第1版 2016年8月第2版
　　　　 2024年6月第4次印刷
书　　号 ISBN 978-7-5603-6146-8
定　　价 19.80元

再版前言

离散数学是大学计算机专业的基础数学课程，而数理逻辑是其重要组成部分之一，在算法设计、程序设计理论以及计算复杂性理论等方面都涉及数理逻辑的知识和理论。近年来，随着数理逻辑在计算机科学中的地位越来越被重视，需要加强数理逻辑在计算机专业中的知识普及与应用。

数理逻辑的内容通常包括证明论、递归论、模型论和公理集合论，以及作为它们共同基础的逻辑演算。对于计算机专业的本科生来说，考虑到逻辑演算在数理逻辑中的基础性以及在计算机科学中的广泛应用，本书把重点放在逻辑演算上，即逻辑演算的推理研究上。在目前相关的数理逻辑书籍中，有些把计算机科学中用到的数理逻辑知识放在离散数学书中介绍，但由于受篇幅限制，较难系统地描述数理逻辑的推理体系，很难满足计算机工作者的需要；有些书中的数理逻辑通常又过于专业化，其深度对于计算机专业的本科生来说难以接受。鉴于此，编者根据多年讲授该课的讲义整理而成此书，以此实现我们的初衷：一是希望能使学生在大学本科期间把数理逻辑的基本内容掌握好，使他们在学习其他相关课程或阅读相关文献资料时，不至于对其中的数理逻辑知识产生困难；二是希望通过对逻辑演算的讲解，即命题逻辑演算和一阶谓词逻辑演算的讲解，使学生感受到逻辑演算在计算机科学中的重要应用，更重要的是通过严格的形式化、公理化的逻辑推理方法，培养学生的抽象思维能力、逻辑推理能力和严密的分析问题与解决问题的能力。

本书由李涛、张岩和刘峰担任主编，参加编写的还有谭立伟。本书在成书过程中，软件教研室的王义和教授提出了许多宝贵的意见和建议，最后又详细地审阅了原稿，对本书的形成和改进起了重要作用。同时软件教研室的领导也给予了热情的鼓励和支持，在此一并表示衷心感谢。

此次修订了部分错误和不当之处，如有疏漏，敬请读者批评指正。

编　者

2021.3

目　　录

第 1 章　绪　论 ………………………………………………… 1

1.1　数理逻辑的发展简史 ……………………………………… 1

1.2　形式化公理系统 …………………………………………… 10

1.3　数理逻辑与计算机科学 …………………………………… 13

第 2 章　命题逻辑的基本概念 ………………………………… 15

2.1　命题与联结词 ……………………………………………… 15

2.1.1　命题符号化 ……………………………………………… 15

2.1.2　命题联结词及真值表 …………………………………… 17

2.1.3　命题公式及真值 ………………………………………… 22

2.1.4　逻辑蕴涵与逻辑等价 …………………………………… 25

2.2　范　式 ……………………………………………………… 27

2.2.1　基本概念 ………………………………………………… 28

2.2.2　范式的求解 ……………………………………………… 28

2.2.3　主范式 …………………………………………………… 29

2.3　联结词的扩充与归约 ……………………………………… 37

2.4　对偶式 ……………………………………………………… 41

习　题 …………………………………………………………… 43

第 3 章　命题演算形式系统 …………………………………… 45

3.1　命题逻辑演算形式系统 …………………………………… 45

3.1.1 命题演算形式系统的组成…………………………………… 46
3.1.2 命题演算形式系统的基本定理…………………………… 47
3.1.3 PC 的性质定理 ………………………………………………… 68
3.2 自然演绎推理系统………………………………………………… 75
3.2.1 自然演绎推理系统组成………………………………………… 75
3.2.2 自然演绎推理系统的基本定理………………………………… 78
习 题 ……………………………………………………………………… 85
第 4 章 一阶谓词逻辑演算基本概念 ………………………………… 87
4.1 引 言………………………………………………………………… 87
4.2 一阶谓词演算基本概念…………………………………………… 89
4.3 自然语句的形式化………………………………………………… 95
习 题 ……………………………………………………………………… 98
第 5 章 一阶谓词演算形式系统……………………………………… 101
5.1 一阶谓词演算形式系统组成 ………………………………… 101
5.2 FC 的基本定理 ……………………………………………………… 104
5.3 一阶谓词形式系统的语义 ……………………………………… 114
5.4 FC 的性质定理 ……………………………………………………… 121
5.5 其他形式的一阶谓词演算系统 ……………………………… 129
5.5.1 FCM 谓词演算系统………………………………………… 129
5.5.2 FND 谓词演算系统 ………………………………………… 133
习 题……………………………………………………………………… 137
参考文献……………………………………………………………… 140

第1章　绪　论

逻辑学是研究推理规律的科学。数理逻辑与传统逻辑在研究对象上没有实质性的区别，都是以逻辑推理本身作为研究的对象，区别在于研究的工具语言不同，传统逻辑以自然语言作为主要工具语言，而数理逻辑则是用数学符号语言，即借助于数学的符号化、公理化、形式化的方法，因此数理逻辑又称为符号逻辑或理论逻辑。在绪论部分，我们先从数理逻辑的发展简史来引入数理逻辑的研究内容，然后介绍一下什么是形式化公理系统，最后介绍一下数理逻辑与计算机科学的关系及其应用。

1.1　数理逻辑的发展简史

数理逻辑作为使用符号语言和数学方法来研究演绎推理和证明的科学，从17世纪70年代德国数学家、哲学家Leibniz提出之后，发展至今已有300多年的历史。在它的发展过程中，由逻辑数学化到数学逻辑化，始终将逻辑的内容和数学的内容交织在一起。就其逻辑方面来说，它在传统逻辑学的基础上演变成使用数学方法的现代形式逻辑，有自己独特的方法和组成部分；就其数学方面来说，随着逻辑问题转化为数学问题，它的很多部分，特别是20世纪以来取得的许多新成果已成为数学的分支。数理逻辑的发展史大体上可以分为三个阶段：第一阶段是数理逻辑萌芽和逻辑代数建立时期（17世纪70年代～19世纪50年代）；第二阶段是逻辑演算建立和数理逻辑定型化时期(19世纪50年代～20世纪30年代);第三阶段是数理逻辑发展的现代化时期(1930年以来),包括证明论、模型论、递归论、集合论的形成和发展,以及非古典逻辑出现时期。

1.数理逻辑萌芽和逻辑代数建立时期

把数学应用于思维领域,用数学的方法来研究思维形式和思维规律,首先得有一种数学类型作为必要条件,也就是符号化数学,而传统逻辑学的缺陷和不足满足不了这种需要,这就促进了传统逻辑学的变革,从而预示着新类型的逻辑学,即数理逻辑的产生。

Leibniz不满于Aristotle的形式逻辑,认为应当将形式逻辑加以改造,使得新的逻辑学像数学那样精确严格。他希望能建立一个普遍的符号语言,可以区别日常语言的局限性和不规则性,同时一个完整的符号语言又应该是一个思维的演算,根据这种演算,思维和推理就可以用计算来代替。这样,推理的错误就只成为计算的错误,而不必考虑所用到的表达式的含义内容。这一设想涉及数理逻辑的本质特点,对于数理逻辑的产生具有划时代的意义,后世的研究大体上也是沿着这个方向前进的。符号语言和思维的演算是Leibniz提出的重要思想,这也正是数理逻辑的重要特征。

Leibniz成功地将命题形式表达为符号公式,提出了命题演算的原则和公理,建立了科学史上最早的逻辑演算,从而奠定了数理逻辑的基础,使他成为公认的数理逻辑发展史上的奠基人。

17世纪数学的发展已日益完善,代数已达到完全符号化,能够用字母表示已知量和未知量,以及用符号表示运算,可以用代数方法来描述和研究几何图形,这些成就为用代数方法研究推理提供了线索。而用代数方法研究推理,就必须把命题的形式结构用符号和公式来表达,把推理中的前提与结论之间的关系,转化为公式与公式之间的运算关系。Leibniz一生中曾作过多次努力，后又经过许多逻辑学家和数学家的工作，到了19世纪，英国的逻辑学家和数学家Hamilton和Morgan使用符号语言和代数的数学方法，通过对传统逻辑学的修补和改良，精确化了传统逻辑学，他们取得的成果对数理逻辑的发展起着一定的推动作用，在数理逻辑发展史上占有一定的重要性，为Boole建立逻辑代数铺平了道路。

19世纪上半叶，在产业革命的影响下，欧洲各国自然科学有了迅速的发展，特别是数学由长期为天文学、物理学和工程技术等服务，转向纯数学本身的研究，而这些研究都涉及数学严格性的要求及深刻的逻辑问题，而这些问题又都是在传统逻辑范围内解决不了的，这就进一步激励数学家和逻辑学家加快逻辑数学化的研究工作。在Leibniz逻辑演算设想的基础上，Boole最早把对代数系统的解释推广到逻辑领域，从而建立了逻辑代数。Boole的主要工作是仿照数学的方式来发展逻辑，他确信语言的符号化会使逻辑严密化。他成功地把代数方法应用于逻辑，建立了“布尔代数”，部分实现了Leibniz的设想，同时也扩展了传统逻辑的范围，解决了许多传统逻辑难以解决的问题。由于Boole在引进符号时，允许先不加解释，等形式地建立起代数系统后再做解释，这就加强了数学化的倾向。尽管Boole取得了上述成就，但他所建立的代数并不成熟。继Boole之后，Jevons、Peirce、Huntington等对布尔代数作了改进，并使之逐步完善。德国的数学家Schröder总结了前人的研究成果，将布尔代数构成一个演绎体系，从而使布尔代数臻于完善。他在《逻辑代数讲义》中对类演算、命题演算和关系演算进行了系统的整理。他提出逻辑代数的定理可以分为两组，而根据一个简单的互换法则就可以从一组定理的内容推导出另一组定理的内容，成功地用代数方法处理了演绎推理。

逻辑代数的建立和完善，打破了传统逻辑学的体系，说明思维的形式结构可以成功地用数学方法来处理，这对数理逻辑的发展产生了深远的影响。但是，就整个数理逻辑体系来说，它距离要找到理想完善的、能把数学纳入其中的公理系统这个目标来说，逻辑代数还只是初步的成果。

2. **逻辑演算建立和数理逻辑定型化时期**

进入 19 世纪后，数学发生了一些本质的变化，许多迫切的问题已基本得到解决，于是数学的研究转向了基础的重建。这主要是指对它论证的逻辑严格性进行深入的探讨；对函数、连续性、极限、无穷等概念做出精确的定义；对负数、无理数等给予仔细的审查。到了 19 世纪中叶，终于获得了重要的成果：Frege 给出了一个完全的逻辑演算，使数理逻辑的发展出现了一个飞跃；Cantor 建立了集合论，这标志着数理逻辑由萌芽发展到真正创立的时期。

德国数学家、逻辑学家 Frege，在纯逻辑的领域中，他引进了量词、变量和命题函数，使数理逻辑具备了完全的表达能力，给出了逻辑的公理基础。数理逻辑创立时期的主要目标是要找到能把数学纳入其中的理想完善的公理系统，Frege 提出的谓词演算被看作是达到这一目标的最主要成就。另外，他还开辟了数理逻辑应用于数学基础研究的新方向。他深入研究数学的科学性质和数学思维的规律，努力把逻辑本身变成一个由公理、规则和定理构成的演绎体系。他的目标就是要从逻辑推导出全部数学，把数学真理性的证明看成完全依赖于逻辑的推理和规律。为此他发明了一种表意的概念语言，并应用于逻辑，结果是构造了初步自足的命题演算和谓词演算系统；应用于算术，第一次给出了自然数的精确定义。Frege 从逻辑推导出自然数，但这只能说明逻辑可以推导出算术中的一部分，而并不能说明逻辑能够推导出全部算术，更不能说明逻辑能够推导出算术之外的全部数学。就在 Frege 致力于进一步构造算术基础，写完第二卷《算术的基本规律》时，Russell 于 1902 年 6 月 16 日写信告诉他发现了逻辑悖论，这使 Frege 感到极大震惊，因为这直接动摇了他正在从事工作的基础。这一历史事实也说明，由于数学这门学科的性质决定，要想把数学全部逻辑化是实现不了的。

19 世纪 70 年代，数学分析研究的发展，促使对不连续函数和连续统有了进一步的理解，这就直接牵涉到集合论的问题。到了近代，由于微积分的出现，更引起了对无穷小的讨论。19 世纪 20 年代 Cauchy 建立的极限理论，对无穷过程和无穷小的认识大大前进了一步。后来 Bolzano 通过对微积分的基本概念的严格表述，认识到实无穷的存在。但是，所有这些成就比起 Cantor 取得的成果只是初步的、不成熟的。

与 Frege 同时代，在数理逻辑发展史上另一个重要人物是德国数学家 Cantor，他超出算术之外，建立了集合论，是集合论的真正创始人。集合论的建立为全面理解数学科学的性质打下基础，从而对数理逻辑的创立和发展起着强有力的推动作用。

Cantor 建立的集合论是现代数学中的重要基础理论。这个理论把哲学中的无穷概念变成精确的数学研究的对象，把数学从潜无穷的观点转变到实无穷。这一方面把实数系从数的概念推进到集合概念，从而把数学基础的研究推进到一个新阶段；另一方面它从朴素的集合论逐步向抽象集合论过渡，这对现代数学的发展也有深刻的影响。由于 Cantor 的集合论把集合理解为是把我们的感觉或思维中的一些确定的、不同的对象（即集合的元素）汇合成一个总体，这就使得这个概念事实上失去了纯数学的性质，而取得了更有一般性的逻辑含义，因此集合论密切了数学与逻辑学的关系，集合论也是现代数理逻辑的重要理论基础。事实上，从1880年以来，集合论和谓词演算之间的相互关系，一直影响着数理逻辑的发展。

19世纪20～30年代，Gauss、Bolyai以及Lobachevsky先后发现的非欧几何，打破了形而上学的空间观，从根本上改变了人们的几何观，使人们看到感性直观不能成为几何命题真假的根据，真假要靠证明，而且证明的概念本身要严格。几何学中的进展引起了人们对公理学的关注，这对数理逻辑的研究和发展产生了深远的、决定性的影响，促进了公理化方法的研究与发展。Hilbert于1899年发表了名著《几何基础》，该书第一次给出了一个简明全面的公理系统，在他的系统中强调了逻辑推理，讨论了公理系统的无矛盾性、完备性和独立性，给出了证明公理系统独立性的一般方法及证明公理系统完备性的普遍原则。Hilbert发展了公理方法，使之由古典的实质公理学，发展为现代的形式公理学，从而成为近代形式公理学的奠基人。同时期集合论和实数理论的研究也促进了公理法的使用和发展。《几何基础》的出版，深刻影响着数理逻辑和数学各个分支的产生和发展。例如命题逻辑、谓词演算、公理集合论、形式数论、近世代数等也是作为各个分支的公理化和各种不同的形式系统而出现的。

最后真正把逻辑演算定型化，对数理逻辑的发展起着承先启后作用的是英国的哲学家、数理逻辑学家Russell，他对数理逻辑做出了多方面的创造性贡献和发展。他和Whitehead合著的三大卷《数学原理》，可以说是直到当时为止的数理逻辑成果的总结，总结了从Leibniz以来数理逻辑产生和发展过程中取得的成果。他构设了一个完全的命题演算和谓词演算系统，完成了逻辑演算定型化的工作，这标志着数理逻辑作为一门独立的学科已达到成熟阶段，并为数理逻辑下一阶段的发展提供了前提。他关于关系逻辑、摹状词、逻辑类型论以及给自然数下定义等成果，为丰富和扩大数理逻辑内容，推动数学基础问题的进一步探讨也做出了积极的贡献。

Russell 和 Whitehead 合著的《数学原理》发表之后，数理逻辑取得了迅速的发展。Russell 构造的完全的逻辑演算体系，自以为找到了理想完善的、能把数学纳入其中的公理系统。Hilbert 提出了解决数学基础问题的证明论方案，自以为这种方法解决了包括古典逻辑和古典数学的形式演绎系统问题。

3. 数理逻辑发展的现代化时期

从 1930 年开始，美籍奥地利数学家、逻辑学家 Gödel 发表了一系列重要成果，开辟了数理逻辑的新纪元。1930 年，他发表的博士论文证明了谓词演算系统的完全性。1931 年，他发表了著名的不完全性定理，证明了数论或分析或集合论的形式系统是不完全的，同时还证明了一个给定的形式系统的相容性。这些定理证明了 Russell 的构造是不完善的，Hilbert 的方案是达不到的。这一重要发现，对整个数学界产生了极大影响和推动，并开辟了数理逻辑的新纪元。从此数理逻辑进入了第三个发展阶段。此阶段数理逻辑相继取得了三个划时代的巨大成就：1931 年，Gödel 证明了不完全性定理；1933 年，波兰的逻辑学家、逻辑语义学的创始人之一 Tarski 提出了形式语言的真理性概念；1937 年，英国的逻辑学家 Turing 建立了图灵机的理论。

Gödel 用精确的形式化的数学方法证明了形式系统的不完全性，这就表明尽管公理化、形式化在数学和逻辑中取得了重大成就，但仍然存在局限性。Gödel 的不完全性定理的发现进一步密切了数学和逻辑的关系，它说明数学的发展离不开精致、协调和有效的逻辑结构，而逻辑的发展也离不开数学工具的使用和对数学真理的直接洞察力。

Tarski 在《形式语言中的真理概念》等著作中，探讨了语义学悖论产生的根源及其解决办法，证明了一个重要的结果，那就是在满足一定条件的形式语言中，可以无矛盾地建立其形式上正确、实质上充分的像真句子那样的语义学概念的定义。他首先做出了两对概念上的区别：一是逻辑与元逻辑的区别。元逻辑以逻辑为对象，研究形式语言和形式系统本身，也就是形式系统中作为符号串的表达式之间的关系；表达式与其意义之间的关系；形式系统与其应用之间的关系。二是对象语言与元语言的区别。通常把被断定的（被分析的）语言称为对象语言，把进行断定的（分析的）语言称为元语言，这就是语义层次。但在日常语言中没有做出这种区分，所以会产生语义悖论。在形式语言中，对象语言和元语言有了明显区分，因而不会产生语义悖论。

Turing 在《论可计算数及其在判定问题上的应用》中，分析了“可计算性”这一概念，第一次把计算和自动机联系起来，这对后世产生了巨大的影响，这种自动机后来被人们称为图灵机，并证明了 Hilbert 提出的判定问题的不可解性。图灵机虽然很简单，但现在已证明这种图灵机能够计算全部能行可计算函数。Turing 相当完善地解决了可计算函数的精确定义问题，对数理逻辑的发展起了巨大的推动作用。

自从 Gödel 提出不完全性定理，证明无所不包的公理系统是不存在的之后，数理逻辑学家们开始转向承认这种公理系统有很多，应该研究他们的共同性，这就促进了有内在联系的四大分支：证明论、模型论、递归论和公理集合论的形成和发展，逻辑演算则是它们的共同基础。其中证明论是把数学本身作为研究的对象，用以证明数学的相容性，以数学推理或证明为研究对象。模型论是研究形式语言与其解释之间的相互关系的学科，它的主要任务是对数学理论系统建立模型,研究各模型之间的关系、模型与数学系统之间的关系等。递归论是用数学方法研究“可构造性”或“能行过程”的学科,它是 20 世纪 30 年代发展起来的。1931 年,Gödel 作出严格的但实际上只是原始递归函数的定义,出现了递归函数论。1934 年,Gödel 又进一步提出了一般递归的概念。1936 年,Turing 给“可计算函数”提供了一个精确的定义。20 世纪 60 年代后把递归理论应用到计算机上,用于计算复杂性的理论的研究。公理集合论就是用公理化方法建立集合论系统,也就是集合论的形式系统。它是在 19 世纪 20 年代 Cantor 提出的集合论出现悖论后,为了修改集合论而发展起来的。比较著名的集合论的公理系统是 ZF 系统和 GB 系统。

四论构成了数理逻辑的重要组成部分,这标志着数理逻辑的发展已经成熟,它的理论基础已经奠定。四论之间是相互联系、互为补充的,但它们研究的对象和侧重点又各不相同。四论的共同点都和数学有着密切联系,或者说其本身就是数学,或者说其本身是由数学问题引起的。如果单从逻辑角度对它们作了区分,那么可以说:证明论具有语法性质,模型论具有语义性质,递归论是证明论的工具,公理集合论是模型论的工具。

在数理逻辑进入第三个发展阶段后,其基础部分,即逻辑演算方面也开辟了新的研究领域,这就是许多非古典逻辑系统的相继出现和发展。所谓非古典逻辑系统是相对于 Aristotle 的三段论体系和 Frege、Russell 提出的命题演算和谓词演算来说的,它包括两个方面:第一,纯逻辑理论方面,包括多值逻辑、模态逻辑、构造性逻辑、相干逻辑、模糊逻辑等;第二,应用逻辑体系方面,包括认知逻辑、法律逻辑、时态逻辑、量子论逻辑、电路分析逻辑等。

1.2　形式化公理系统

数学区别于其他科学的特点就是它的规律只有加以证明才能被承认。感性直观只是启发人们发现问题和思考问题的手段，而不能成为判断数学规律成立的依据，但我们并不能对所有的规律都加以证明，总要有些初始的规律是不加证明而被承认的，因为不存在证明它们的更加初始的规律。我们将某些初始的规律称为公理，它们不需要证明即被承认。由公理出发，按一定的逻辑推理规则推出的规律称为定理，推导的过程称为证明。

数学的概念要求有精确的定义。所谓定义，就是用已有的概念去规定新概念的含义，即揭示新概念的内涵。但总有些初始的概念是不能定义的，因为不存在定义这些概念的更加初始的概念。我们将这些概念称为基本概念，对它们不予定义，即是不能定义的。用基本概念和已经定义的概念定义出的概念，称为导出概念。基本概念与导出概念、公理以及定理组成的结构称为公理系统。公理系统可以是关于某一数学学科全体的，如平面几何、集合论，也可以是关于某一数学学科中的一部分，如实数理论。公理学的发展经历了两个阶段。第一阶段是古典公理学或称为实质公理学，它是密切联系某种特殊对象的，称为公理的对象域。公理是关于这种对象的认识，表达这类对象的性质，而且有直观的明显性，如欧式几何中的公理就是实质公理。第二阶段是现代公理学，或称为形式化公理学，它不要求给定某种具体对象。群、环、线性空间等都是现代公理学或形式化公理学。

在形式化公理系统中，原始概念的直觉意义被忽略，甚至没有任何预先设定的意义。公理也无需任何实际意义为背景，它们仅仅是一些选定的有穷符号串，唯一可识别的是它们的表示形式，这也是它们唯一有意义的东西。推理规则视为符号串的变形规则，推理或证明视为符号串的变形过程，也就是满足一定条件的有穷符号行的有穷序列。定理当然也是符号的有穷序列。因此，公理系统不再是一些有意义的命题的体系，而是一些符号的有穷序列的体系，只是靠符号形式来区别哪些是公理，哪些是定理。

当然抽象的形式化公理系统的提出往往是有客观背景的，常常是因为现实世界的某些对象及其性质需要精确的刻画和深入的研究。但是一旦抽象的形式公理系统建成，它便是超脱客观背景的，它可刻画的对象已不限于原来考虑的那些对象，而是与它们有着（公理所规定的）共同结构的相当广泛的一类对象，因而对它们性质的讨论也必定深刻得多。因此对一个抽象的形式公理系统，一般会有多种解释（释例）。例如，布尔代数抽象公理系统，可以解释为有关命题真值的命题代数，有关电路设计研究的开关代数，也可以解释为讨论集合的集合代数。

形式化是数理逻辑的基本特性和重要工具。借助于形式化过程和对形式系统的研讨完成对思维规律或其他对象理论的研究。数理逻辑形式系统的组成如下：

（1）用于将概念符号化的语言，通常为一形式语言（formal languages），包括符号表 Σ 及语言的文法，可生成表示对象的语言成分项（terms），表示概念、判断的公式（formulas）。

（2）表示思维规律的逻辑学公理模式和推理规则模式（抽象的形式公理系统），及其依据它们推演出的全部定理组成的理论体系。

根据其组成，对数理逻辑形式系统的研究包括以下3个方面：

（1）语构（syntax）的研究。在形式系统内首先是对系统内定理推演的研究，如哪些是系统内的定理，如何更快地导出这些定理，定理之间有怎样的本质联系等等。由于在形式公理系统中推理规则本质上是一种符号串的重写规则，系统内的推演也只是对给定符号串的一系列重写而已，从而决定一切都是符号、符号串及重写规则的形式，公理的识别、系统内的推演都可以依据公理及推理规则的形式机械地完成，不需要比认读和改写符号及符号串更多的本领和知识，甚至不需要逻辑。因此，这类研究通常被看作是形式系统的语构的研究。

（2）语义（semantic）的研究。虽然形式化公理系统并不针对某一特定的问题范畴，但可以对它做出种种解释，赋予它一定的个体域，即研究对象的集合，赋予它一定的结构，即用个体域中的个体、个体上的运算、个体间的关系去解释系统中的抽象符号。这一过程称作赋予形式系统一个语义结构，或简称语义。在给定语义结构中可以讨论形式系统中项所对应的个体，公式所对应的真值（真或假）。对语义的规定以及对形式系统在给定语义下的讨论，便是所谓对形式系统的语义研究。

（3）语构与语义关系的研究。由于语义结构通常是抽象出形式系统的那个问题范畴（如抽象出数理逻辑形式系统的问题范畴是“人类思维”）的数学描述，因此一个好的形式系统中的定理，应当都是在所有相关语义中的真命题；反之，所有这些真命题所对应的形式表示，应当都是形式系统的定理。诸如此类的讨论，都可视为对形式系统语构与语义关系的研究。

在数理逻辑形式系统的研究中，通常使用两种语言。一种是形式系统自身所使用的形式语言，这些形式语言是我们的研究对象，称之为对象语言。另一种是用于介绍和研讨该形式系统时使用的语言，为通常所用的数学语言，称之为元语言。元语言也使用大量符号，包括沿用形式系统的符号、表示形式系统中同一类符号的符号即语法变元以及为表达元语言概念引入的新符号。

对数理逻辑的理论研究包括两方面：一方面是数理逻辑形式系统内的公理、推理规则及其由它们导出的定理所构成的逻辑学理论；另一方面是对这个形式系统进行研究所得的关于系统的性质定理所组成的理论，这个称为元理论（meta theory），其中的系统性质定理称为元定理（meta theorems）。

1.3　数理逻辑与计算机科学

数理逻辑是计算机科学的理论基础，对计算机科学的发展起着重要的作用，它是计算机科学工作者必须具备的基本理论。数理逻辑与计算机科学的密切关系体现在如下几个方面：

（1）随着人类大量思维过程的机械化、计算化的日益发展，数理逻辑和计算机科学在这方面具有完全相同的宗旨：扩展人类大脑的功能，帮助人脑正确、高效地思维。只不过它们分别作战在基础理论和实用技术两条战线。逻辑学作为研究人类思维规律的科学，试图找出构成人类思维或计算的最基础的机制，例如推理中的代换、匹配、分离，计算中的运算、迭代、递归等。而计算机程序设计则是要把问题的求解归结于程序设计语言的几条基本语句，甚至归结于一些极其简单的机器操作指令。正是在数理逻辑中，把人类的推理过程分解成一些非常简单原始的、非常机械的动作，才使得用机器代替人类推理的设想有了实现的可能。

（2）数理逻辑的形式化方法又和计算机科学不谋而合。计算机系统本身，它的软硬件系统都是一种形式系统，它们的结构都可以形式地描述；至于程序设计语言更是不折不扣的形式语言系统，要研究计算机、开发程序设计语言，没有形式化知识和形式化能力是难以取得出色的成果的。对于应用计算机求解实际问题，首要任务便是形式化，离开对问题的正确形式化描述，没有理性的机器是不可能给出正确的理解和解答的，人们必须用计算机懂得的形式语言告诉它怎么做以及做什么，而计算机理解这些语言的过程，又正是按照人们赋予它的形式化规程，并将它们归结为自己的基本操作。

(3) 数理逻辑在计算机科学中的直接应用从最初对“计算”的追根寻源，导致了第一个计算的数学模型 —— 图灵机的诞生，它被公认为现代数字计算机的祖先。另外，在计算机线路设计、程序设计及理论、计算复杂性理论等方面都涉及数理逻辑的知识和理论。在近年来研究比较热的人工智能领域，数理逻辑有着令人瞩目的应用：一阶谓词演算系统在计算机的知识表示及定理的机器自动证明等人工智能的研究领域获得了重要的应用。

(4) 作为数学分支的数理逻辑在 20 世纪末的迅猛发展，很大程度上得益于计算机科学的广泛应用。目前，从基本逻辑电路的设计，到巨型机、智能机系统结构的研究；从程序设计过程到程序设计语言的研究发展；从知识工程到新一代计算机的研制，无不需要数理逻辑的知识和成果。

第 2 章　命题逻辑的基本概念

数理逻辑的研究对象是逻辑推理，研究逻辑推理的形式和规律。一个推理由若干命题组成，推理中的前提和结论都是命题，命题是逻辑推理的基本成分。若在推理中只需要分析命题之间的关系，不需要把命题分解成构成命题的各种非命题成分，那么此类推理的逻辑研究称作命题逻辑，而对命题加以分解的推理称作谓词逻辑，谓词逻辑相对命题逻辑来说较复杂。我们的研究先从比较简单的命题逻辑开始，命题逻辑是数理逻辑中最基本、最简单的部分。

本章介绍命题逻辑的基本知识，包括命题与联结词、命题公式与真值、逻辑蕴涵与逻辑等价、范式、联结词的功能完备集以及对偶式等内容。

2.1　命题与联结词

2.1.1　命题符号化

1. 命题

命题对于命题逻辑来说是一个原始的概念，因此不能在命题逻辑的范围内给出它的精确定义，但可以描述它的性质。命题是一个能唯一确定真假值的陈述句，这包括两层意思：首先，命题必须是一个陈述句，而疑问句、祈使句、感叹句则都不是命题；其次，这个陈述句所表达的内容可决定是真还是假，而且不是真的就是假的，不能既真又假，也不能不真又不假。凡与事实相符的陈述句(命题)为真语句，与事实不符的陈述句(命题)为假语句，这就是说，一个命题只有两种可能的取值，为真或为假，并且只能取其一。命题的真或假称为命题的真假值，也简称为命题的真值，通常用字母 T(或 1)和 F(或 0)分别表示命题的真值为真和假。真值 T 与 F 称为命题常元。由于只有两种取值，因此这样的命题逻辑也称为二值逻辑。

下面举例说明命题概念。

例 2.1.1 判定下列语句哪些是命题：

(1) 北京是中国的首都。

(2) $X+Y=2$

(3) $2+2=5$

(4) 火星上有生命存在。

(5) 地球是宇宙的中心吗?

(6) 太阳从西边出来。

仅有(1)、(3)、(4)、(6)为命题，其余均不是命题。其中(1)为真命题，其命题真值为 T；(3)、(6)为假命题，其命题真值为 F；(4)的命题真值由于受人类目前的认知水平还不能确定其真假值，但从事物的本质来看该语句的内容真假是可以唯一确定的。(2)含有变元 X 与 Y，是不确定的判断，而(5)为疑问句，因此(2)、(5)均不是命题。

2. 原子命题

原子命题又称为简单命题，它是不包含任何真值联结词的命题，从语法的角度看就是不能分解为更简单的陈述句的命题。如命题“雪是白的。”就是一个原子命题。原子命题的符号通常用小写的英文字母表示。

3. **复合命题**

由联结词及简单命题构成的命题通常称为复合命题，其真值依赖于构成该复合命题的各简单命题的真值及联结词。如命题“今天是晴天而且今天是星期天。”即为一复合命题，如果命题“今天是晴天”的真值为真，而且命题“今天是星期天”的真值也为真，那么整个复合命题的真值为真，其他情况则复合命题的真值为假。命题逻辑所要讨论的正是由多个命题经联结词联结而成的复合命题的规律性。

4. **命题变元**

为了用数学的方法对命题做逻辑演算，首先必须像数学处理问题那样将命题符号化（形式化）。通常用大写的英文字母或带下标来表示命题，这种用以表示命题的标识符号称为命题变元。如以字母 P 表示命题“北京是中国的首都。”，字母 Q 表示命题“水在常温下是液体。”等。当字母 P 未指定表示某一具体命题时，就称之为命题变元。对命题变元可以指定任何命题给它。与命题有确定的真值不同，命题变元的真值不定，只有对命题变元指定为某个具体命题时，才能确定其真值。如果当它指定表示某一个确定的命题时，则称为命题常元。

2.1.2　命题联结词及真值表

联结词可以将简单命题联结起来构成复杂的命题，从而构造新的命题，使命题逻辑的内容变得丰富起来。下面先介绍数理逻辑中最基本、最常用的 5 个逻辑联结词：

$$\neg, \wedge, \vee, \rightarrow, \leftrightarrow$$

这 5 个逻辑联结词符号分别读作“并非”、“与”、“或”、“蕴涵”、“等价”，分别表示“否定”、“合取”、“析取”、“如果 …… 那么 ……”、“当且仅当”，值得注意的是这些逻辑联结词与日常自然语句中的有关联结词的共同点和不同点。

由于复合命题中各个命题变元的取值只能为 T 或 F，同时复合命题本身的真值取值也只能为 T 或 F，因此从映射的角度来看，一个 n 元逻辑联结词其实就是一个 n 元映射，一个从 $\{T,F\}^n$ 到 $\{T,F\}$ 的映射，于是可以用一个函数值表的形式反映该映射过程，此函数值表的形式称为真值表。

1. 否定词：$\neg$

否定词“$\neg$” 是一个一元逻辑联结词。一个命题 P 加上否定词就形成了一个新的命题，记作 $\neg P$，表示对原命题的否定，读作“并非 P”。一般地，自然语句中的“不”、“无”、“没有”、“并非” 等词均可符号化为“$\neg$”，但这并不意味着在使用否定词的时候可以简单地加个“不” 字就能完成。

否定词的真值规定如下：若命题 P 的真值为真，则 $\neg P$ 的真值就为假；若 P 的真值为假，则 $\neg P$ 的真值就为真。对应的真值表如表 2.1 所示。

表 2.1　$\neg P$ 的真值表

P	$\neg P$
T	F
F	T

例 2.1.2　设 P 表示命题“所有在北京工作的人都是北京人”，则 $\neg P$ 表示“并非所有在北京工作的人都是北京人”，即“存在在北京工作的人但不是北京人”，而不是表示命题“所有在北京工作的人都不是北京人”。

2. **合取词：$\wedge$**

合取词“$\wedge$”是一个二元逻辑联结词，它将两个命题P,Q联结起来，构成一个新的复合命题$P \wedge Q$，读作“P与Q”，表示P,Q的合取。一般地，自然语句中常用的联结词如“既……又……”、“不仅……而且……”、“虽然……但是……”、“……和……”通常都可以符号化为“$\wedge$”。但自然语句中有些“和”、“与”并不表示两个命题的复合，如“张三和李四是大学同学”就是一个简单命题。

复合命题$P \wedge Q$为真，当且仅当P,Q均为真。对应的真值表如表 2.2 所示。

表 2.2　$P \wedge Q$ **的真值表**

P	Q	$P \wedge Q$
T	T	T
T	F	F
F	T	F
F	F	F

例 2.1.3　设P,Q分别表示命题“今天是星期天”,“今天是晴天”，则复合命题$P \wedge Q$表示命题“今天是星期天而且是晴天”。

3. **析取词：$\vee$**

析取词“$\vee$”是一个二元逻辑联结词。它将两个命题P,Q联结起来，构成一个新的复合命题$P \vee Q$，读作“P或Q”，表示P,Q的析取。自然语句中常用的联结词如“或者”一般可以符号化为“$\vee$”。但有些情况下，在使用析取词“$\vee$”表达由“或者”联结的复合命题时，需要注意自然语句中的“或者”与我们通常所说的“异或”区分开来，比如复合命题“今天我去图书馆或者去踢足球”，它表达的是一种不可兼或，二者只能取一，即我们常说的“异或”，而不是逻辑“或”。

复合命题 $P \vee Q$ 为假，当且仅当 P,Q 均为假。对应的真值表如表 2.3 所示。

表 2.3　$P \vee Q$ 的真值表

P	Q	$P \vee Q$
T	T	T
T	F	T
F	T	T
F	F	F

例 2.1.4　设 P,Q 分别表示命题“计算机系的学生学过离散数学”，“计算机系的学生学过数据库”，则复合命题 $P \vee Q$ 表示命题“计算机系的学生学过离散数学或者数据库”。

4. 蕴涵词：→

蕴涵词“→”是一个二元逻辑联结词，也称为推断符号，它将两个命题 P,Q 联结起来，构成一个新的复合命题 $P \to Q$，读作“P 蕴涵 Q”，表示如果 P，那么 Q。其中 P 称为假设或前提（前件），Q 称为结论或推论（后件）。

复合命题 $P \to Q$ 表达的逻辑关系是“P 是 Q 的充分条件”或“Q 是 P 的必要条件”。由于自然语言的复杂性，表示 $P \to Q$ 的术语除了“如果 P，那么 Q”外，还有常见的表述如“只要 P，就 Q”，“P 仅当 Q”，“只有 Q，才 P”以及“除非 Q，否则非 P”等。

复合命题 $P \to Q$ 只有当命题 P 为真而命题 Q 为假时才为假，其余情况均为真。对应的真值表如表 2.4 所示。

表 2.4　$P \to Q$ 的真值表

P	Q	$P \to Q$
T	T	T
T	F	F
F	T	T
F	F	T

例 2.1.5　设 P,Q 分别表示命题“明天下雨”,“我在家看书”,则复合命题“如果明天下雨,那么我在家看书”可形式化为 $P \to Q$。

例 2.1.6　设有复合命题“只有你不是大一新生,才能在寝室用电脑”,用 P,Q 分别表示命题“你是大一新生”,“你在寝室用电脑”,则原命题可形式化为:$P \to \neg Q$。注意这里“不是大一新生”只是“在寝室用电脑”的一个必要条件,并非充分条件,因此不能形式化为 $\neg P \to Q$。

5. **双条件词:↔**

双条件词“↔”是一个二元逻辑联结词,也称为等价符号,它将两个命题 P,Q 联结起来,构成一个新的复合命题 $P \leftrightarrow Q$,读作“P 等价 Q”,表示 P 当且仅当 Q。

复合命题 $P \leftrightarrow Q$ 为真,当且仅当 P,Q 的真值相同,对应的真值表如表 2.5 所示。

表 2.5　$P \leftrightarrow Q$ 的真值表

P	Q	$P \leftrightarrow Q$
T	T	T
T	F	F
F	T	F
F	F	T

例 2.1.7　设有复合命题“三角形是等腰三角形当且仅当三角

形中有两个角相等”，用 P，Q 分别表示命题“三角形是等腰三角形”，“三角形中有两个角相等”，则原命题可形式化为 $P \leftrightarrow Q$。

在由上述五个逻辑联结词构成的复合命题中，有时候为了减少其中的括号使用次数，可以约定它们的运算优先级，按照优先级从高到低依次为

$$\neg, (\wedge, \vee), \rightarrow, \leftrightarrow$$

其中 $\wedge$ 与 $\vee$ 的优先级相同，在容易引起歧义的地方可以通过加括号来更改运算的结合顺序。

2.1.3　命题公式及真值

由命题常元、命题变元及逻辑联结词复合而成的表达式即为命题公式，具体见定义 2.1.1。

定义 2.1.1　命题公式

(1) 原子命题是命题公式；

(2) 若 A，B 是命题公式，则 $\neg A$，$A \vee B$，$A \wedge B$，$A \rightarrow B$，$A \leftrightarrow B$ 均是命题公式；

(3) 有限次使用(1) 与(2) 复合所得的结果均是命题公式。

命题公式通常简称为公式，一般用大写的字母 A，B 等表示。如果公式 A 中含有原子变元符 $p_1, p_2, \cdots, p_n$，那么公式 A 通常记为 $A(p_1, p_2, \cdots, p_n)$。

例 2.1.8　$\neg p \wedge q$，$\neg(p \vee q)$，$p \vee q \rightarrow r \wedge s$ 均为命题公式，其中 p，q，r，s 均为原子变元符。

对于一个给定的命题公式，通过对其中的命题变元赋值，然后结合逻辑联结词的含义来给出命题公式的真值取值情况，这其中的赋值过程称为指派，具体见定义 2.1.2。

定义 2.1.2　指派

对公式 $A(p_1,p_2,\cdots,p_n)$ 中的 n 个命题变元 $p_1,p_2,\cdots,p_n$ 的任意一种真值赋值称为指派，即 $p_i=T$ 或 F，$i=1,\cdots,n$，此时公式 A 有一个确定的真值。

指派常用符号 α 来表示。若对公式 A 的一个给定的指派 α，使得 A 的真值为真，则记为 $\alpha(A)=T$，表示公式 A 在指派 α 的作用下其真值为真，反之则记为 $\alpha(A)=F$。

很显然，若公式 A 含有 n 个命题变元，则共有 2^n 个不同的指派。

根据公式的真值取值情况不同，可以将公式分为以下 3 类：重言式、永假式和可满足式。

定义 2.1.3　重言式(永真式)

若公式 A 对任一真值指派其真值均为真，则称为重言式(永真式)。

例 2.1.9　$P\vee\neg P$，$(A\rightarrow(B\rightarrow C))\rightarrow((A\rightarrow B)\rightarrow(A\rightarrow C))$ 均为重言式。

定义 2.1.4　永假式(矛盾式)

若公式 A 对任一真值指派其真值均为假，则称为永假式。

例 2.1.10　$P\wedge\neg P$ 为永假式。

定义 2.1.5　可满足式

若公式 A 存在一个指派使其真值为真，则称为可满足式。

例 2.1.11　$A\rightarrow(B\rightarrow C)$，$A\vee B$ 均为可满足式。

根据它们的定义可以看出三者之间的关系：

(1) 公式 A 永真，当且仅当 $\neg A$ 永假；

(2) 公式 A 可满足，当且仅当 $\neg A$ 非永真；

(3) 不是可满足的公式必永假；

(4) 不是永假的公式必可满足。

由于重言式通常反映的是一些客观思维规律，因此成为关注的

重点,下面给出一些常见的重言式:

(1) $A \vee \neg A$

(2) $A \to (B \to A)$

(3) $A \to (A \vee B), B \to (A \vee B)$

(4) $A \wedge B \to A, A \wedge B \to B$

(5) $A \wedge (A \to B) \to B$

(6) $(A \to B) \wedge (B \to C) \to (A \to C)$

(7) $(A \to (B \to C)) \to ((A \to B) \to (A \to C))$

(8) $\neg(\neg A) \leftrightarrow A$

(9) $A \vee A \leftrightarrow A, A \wedge A \leftrightarrow A$

(10) $A \wedge (B \wedge C) \leftrightarrow (A \wedge B) \wedge C$

$A \vee (B \vee C) \leftrightarrow (A \vee B) \vee C$

(11) $A \vee B \leftrightarrow B \vee A, A \wedge B \leftrightarrow B \wedge A$

(12) $A \wedge (B \vee C) \leftrightarrow (A \wedge B) \vee (A \wedge C)$

$A \vee (B \wedge C) \leftrightarrow (A \vee B) \wedge (A \vee C)$

(13) $\neg(A \vee B) \leftrightarrow \neg A \wedge \neg B$

$\neg(A \wedge B) \leftrightarrow \neg A \vee \neg B$

(14) $A \vee (A \wedge B) \leftrightarrow A, A \wedge (A \vee B) \leftrightarrow A$

(15) $(A \to B) \leftrightarrow (\neg A \vee B)$

(16) $(A \to (B \to C)) \leftrightarrow ((A \wedge B) \to C)$

(17) $(A \to B) \leftrightarrow (\neg B \to \neg A)$

(18) $(A \leftrightarrow B) \leftrightarrow (A \to B) \wedge (B \to A)$

$(A \leftrightarrow B) \leftrightarrow (A \wedge B) \vee (\neg A \wedge \neg B)$

(19) $A \vee T \leftrightarrow T, A \wedge F \leftrightarrow F$

$A \wedge T \leftrightarrow A, A \vee F \leftrightarrow A$

2.1.4　逻辑蕴涵与逻辑等价

定义 2.1.6　逻辑蕴涵:对公式 A,B,如果所有弄真 A 的指派亦必弄真公式 B,则称 A 逻辑蕴涵 B,或称 B 是 A 的逻辑推论,记为 $A \Rightarrow B$。

若所有弄真公式集 $\Gamma=\{A_1,A_2,\cdots,A_n\}$ 中的每个公式的指派,亦必弄真公式 B,则称 Γ 逻辑蕴涵 B,或称 B 是 Γ 的逻辑推论,记为 $\Gamma \Rightarrow B$。

例 2.1.12　判定下列逻辑蕴涵是否成立。

(1) $\neg A \Rightarrow A \rightarrow B$

(2) $\Gamma \Rightarrow A \rightarrow C$,其中公式集 $\Gamma=\{A \rightarrow (B \rightarrow C),B\}$

解

(1) 成立。从表 2.6 中可以看出使得 $\neg A$ 为真的指派也使得 $A \rightarrow B$ 为真。

表 2.6　$\neg A$ **蕴涵** $A \rightarrow B$

A	B	$\neg A$	$A \rightarrow B$
T	T	F	T
T	F	F	F
F	T	T	T
F	F	T	T

(2) 成立。使得 Γ 中的每个公式为真的指派分别为

$\alpha_1(B)=T,\alpha_1(A)=F,\alpha_1(C)=T$,此时 $\alpha_1(A \rightarrow C)=T$

$\alpha_2(B)=T,\alpha_2(A)=F,\alpha_2(C)=F$,此时 $\alpha_2(A \rightarrow C)=T$

$\alpha_3(B)=T,\alpha_3(A)=T,\alpha_3(C)=T$,此时 $\alpha_3(A \rightarrow C)=T$

故 $\Gamma \Rightarrow A \rightarrow C$ 成立。

定理 2.1.1　$A \Rightarrow B$ 当且仅当 $A \rightarrow B$ 为重言式。

证明留为作业。

定义 2.1.7　逻辑等价：公式 A,B 逻辑等价当且仅当 $A\Rightarrow B$ 且 $B\Rightarrow A$，记为 $A\Leftrightarrow B$。

例 2.1.13　$(\neg A\to B)\Leftrightarrow(\neg B\to A)$

解　根据逻辑等价的定义只需要验证对任意的指派 α 使得 $\neg A\to B$ 为真当且仅当 α 使得 $\neg B\to A$ 也为真，如表 2.7 所示，故 $(\neg A\to B)\Leftrightarrow(\neg B\to A)$。

表 2.7　$\neg A\to B$ **逻辑等价** $\neg B\to A$

A	B	$\neg A\to B$	$\neg B\to A$
T	T	T	T
T	F	T	T
F	T	T	T
F	F	F	F

定理 2.1.2　$A\Leftrightarrow B$ 当且仅当 $A\leftrightarrow B$ 为重言式。

证明留为作业。

利用真值表可以得到如下常用的逻辑等价式：

(1) $\neg(\neg A)\Leftrightarrow A$

(2) $A\to B\Leftrightarrow\neg A\vee B$

(3) $A\to B\Leftrightarrow\neg B\to\neg A$

(4) $A\to(B\to C)\Leftrightarrow(A\wedge B)\to C$

(5) $(A\leftrightarrow B)\Leftrightarrow(A\to B)\wedge(B\to A)$

$(A\leftrightarrow B)\Leftrightarrow(A\wedge B)\vee(\neg A\wedge\neg B)$

(6) $A\to(B\to C)\Leftrightarrow B\to(A\to C)$

(7) $(A\to C)\wedge(B\to C)\Leftrightarrow(A\vee B)\to C$

另外，根据定理 2.1.2 及前面 2.1.3 节内容中的常见重言式，即可得到相应的逻辑等价式。

对于重言式可以做如下的代入操作。

定理 2.1.3　代入原理：设 A 为含命题变元 p 的重言式，则将 A 中 p 的所有出现均代换为命题公式 B，所得的公式仍为重言式。

例 2.1.14　设 $A=p\to(q\to p)$，其中 p 为命题变元。显然 A 为重言式，对 p 均用公式 $r\vee s$ 代换得公式 $A'=(r\vee s)\to(q\to(r\vee s))$ 仍为重言式。

注意代入操作必须是针对重言式中的命题变元进行的，而且必须是对该命题变元做全部的代入替换。

对于一般的公式 A，则可以做等价替换。

定理 2.1.4　替换原理：设 C 为命题公式 A 中的子命题公式，若 $C\Leftrightarrow D$，则将 C 用 D 替换（未必对所有的子公式 C 均作替换）后得公式 B，满足 $A\Leftrightarrow B$。

例 2.1.15　由于 $P\to Q\Leftrightarrow\neg P\vee Q$，则有

$$(P\to Q)\wedge((R\to(P\to Q))\vee(\neg S\wedge(P\to Q)))$$
$$\Leftrightarrow(\neg P\vee Q)\wedge((R\to(P\to Q))\vee(\neg S\wedge(\neg P\vee Q)))$$
$$\Leftrightarrow(\neg P\vee Q)\wedge((R\to(\neg P\vee Q))\vee(\neg S\wedge(\neg P\vee Q)))$$

很显然，替换原理可以是部分的等价替换，也可以是全部的等价替换，但均不改变原命题公式的真值取值。

2.2　范　式

由上节的替换原理可以看到，如果对一个命题公式进行各种等价变换，最终可以得到该公式的各种不同表现形式，但在本质上它们都是等值的，那么能否得到此类相互等价的公式的一个标准化或规范化的表现形式呢？这就是本节所要解决的问题。下面首先引入几个基本概念。

2.2.1 基本概念

定义 2.2.1 **文字**:原子命题变元及其否定称为文字。

例 2.2.1 $p, \neg q$ 均为文字。

定义 2.2.2 **合取式**:文字的合取称为合取式。

例 2.2.2 $p \wedge \neg q, \neg p \wedge \neg q$ 均为合取式。

定义 2.2.3 **析取式**:文字的析取称为析取式。

例 2.2.3 $p \vee \neg q, \neg p \vee \neg q$ 均为析取式。

定义 2.2.4 **合取范式**:形如下列形式的公式称为合取范式:
$A_1 \wedge A_2 \wedge \cdots \wedge A_n (n \geqslant 1)$,其中 $A_i (i=1, \cdots, n)$ 为析取式。

例 2.2.4 $(\neg p \vee q) \wedge (r \vee s), \neg p \vee r \vee s$ 均为合取范式。

定义 2.2.5 **析取范式**:形如下列形式的公式称为析取范式:
$A_1 \vee A_2 \vee \cdots \vee A_n (n \geqslant 1)$,其中 $A_i (i=1, \cdots, n)$ 为合取式。

例 2.2.5 $(\neg p \wedge q) \vee (r \wedge s), \neg p \wedge r \wedge s$ 均为析取范式。

2.2.2 范式的求解

定理 2.2.1 **(范式定理)** 任一命题公式 A 都存在与之等价的合取范式和析取范式。

根据合取范式和析取范式的定义以及替换原理,可以直接求解出任一命题公式 A 的合取范式和析取范式。具体求解过程如下:

(1) 用如下逻辑等价式消去 $\rightarrow$ 及 $\leftrightarrow$:

$$A \rightarrow B \Leftrightarrow \neg A \vee B$$

$$\begin{aligned}(A \leftrightarrow B) &\Leftrightarrow (\neg A \vee B) \wedge (A \vee \neg B) \\ &\Leftrightarrow (A \wedge B) \vee (\neg A \wedge \neg B)\end{aligned}$$

(2) 运用摩根定律、分配律及双重否定定律进行公式形式转换:

$$\neg (A \vee B) \Leftrightarrow \neg A \wedge \neg B$$

$\neg(A \wedge B) \Leftrightarrow \neg A \vee \neg B$

$A \wedge (B \vee C) \Leftrightarrow (A \wedge B) \vee (A \wedge C)$

$A \vee (B \wedge C) \Leftrightarrow (A \vee B) \wedge (A \vee C)$

$\neg(\neg A) \Leftrightarrow A$

(3) 公式化简：

$A \vee A \Leftrightarrow A, A \wedge A \Leftrightarrow A$

例 2.2.6　求公式$(p \wedge q) \rightarrow (\neg q \wedge r)$的合取范式和析取范式。

解　$(p \wedge q) \rightarrow (\neg q \wedge r)$

$\Leftrightarrow \neg(p \wedge q) \vee (\neg q \wedge r)$

$\Leftrightarrow \neg(p \wedge q) \vee (\neg q \wedge r)$

$\Leftrightarrow ((\neg p \vee \neg q) \vee \neg q) \wedge ((\neg p \vee \neg q) \vee r)$

$\Leftrightarrow (\neg p \vee \neg q) \wedge (\neg p \vee \neg q \vee r)$　为合取范式

$\Leftrightarrow (\neg p \wedge (\neg p \vee \neg q \vee r)) \vee (\neg q \wedge (\neg p \vee \neg q \vee r))$

$\Leftrightarrow (\neg p \wedge \neg p) \vee (\neg p \wedge \neg q) \vee (\neg p \wedge r)$

$\vee (\neg q \wedge \neg p) \vee (\neg q \wedge \neg q) \vee (\neg q \wedge r)$

为析取范式

$\Leftrightarrow \neg p \vee (\neg p \wedge \neg q) \vee (\neg p \wedge r) \vee \neg q \vee (\neg q \wedge r)$

为析取范式

$\Leftrightarrow \neg p \vee \neg q$　为析取范式

由此可见合取范式与析取范式的形式不唯一。

2.2.3　主范式

由于一个公式的合取范式与析取范式不唯一，因此使用它们来判别不同的公式形式是否等价就比较困难了。另外，人们也期望相互等价的公式有一个唯一的表现形式，为此人们引入主范式的概念。下面先给出几个与主范式有关的基本概念。

定义 2.2.6　合取项: 在命题公式 A 的合取范式 $A_1 \wedge A_2 \wedge \cdots \wedge A_n (n \geqslant 1)$ 中,称析取式 $A_i (i=1,\cdots,n)$ 为合取项。

例 2.2.7　在合取范式$(\neg p \vee \neg q) \wedge (\neg p \vee \neg q \vee r)$ 中,下列公式均为其合取项:$(\neg p \vee \neg q)$,$(\neg p \vee \neg q \vee r)$。

定义 2.2.7　析取项: 在命题公式 A 的析取范式 $A_1 \vee A_2 \vee \cdots \vee A_n (n \geqslant 1)$ 中,称合取式 $A_i (i=1,\cdots,n)$ 为析取项。

例 2.2.8　在析取范式$(\neg p \wedge q) \vee (\neg p \wedge \neg q) \vee (\neg p \wedge r)$ 中,下列公式均为其析取项:$\neg p \wedge q$,$\neg p \wedge \neg q$,$\neg p \wedge r$。

定义 2.2.8　主合取范式: 设命题公式 $A(p_1, p_2, \cdots, p_n)$ 的合取范式为

$$A_1 \wedge A_2 \wedge \cdots \wedge A_k (k \geqslant 1)$$

若其中每一个合取项 $A_j (j=1,\cdots,k)$ 的形式为

$$A_j = Q_1 \vee Q_2 \vee \cdots \vee Q_n$$

其中 $Q_i = p_i$ 或 $\neg p_i$,$i=1,\cdots,n$。
则称 $A_1 \wedge A_2 \wedge \cdots \wedge A_k (k \geqslant 1)$ 为 A 的主合取范式。

今后称形如 $A_j = Q_1 \vee Q_2 \vee \cdots \vee Q_n$ 的合取项为极大项,通常用 M_j 表示。关于极大项 M_j 有如下性质:

(1) 对于命题公式 $A(p_1, p_2, \cdots, p_n)$,共有 2^n 个极大项;

(2) 每个极大项 M_j 有 2^n 种真值指派,其中为 F 的真值指派唯一;

(3) 任意两个不相同的极大项的真值取值不能同为 F;

(4) 所有 2^n 个极大项之"$\wedge$"为 F,即 $\bigwedge_{j=1}^{2^n} M_j \Leftrightarrow F$。

例 2.2.9　设公式 $A(p,q) = (\neg p \vee q) \wedge (p \vee q)$,即为 A 的主合取范式。

定义 2.2.9　主析取范式:设命题公式 $A(p_1,p_2,\cdots,p_n)$ 的析取范式为

$$A_1 \vee A_2 \vee \cdots \vee A_k (k \geqslant 1)$$

若其中每一个析取项 $A_j(j=1,\cdots,k)$ 的形式为

$$A_j = Q_1 \wedge Q_2 \wedge \cdots \wedge Q_n$$

其中 $Q_i = p_i$ 或 $\neg p_i, i=1,\cdots,n$。

则称 $A_1 \vee A_2 \vee \cdots \vee A_k (k \geqslant 1)$ 为 A 的主析取范式。

今后称形如 $A_j = Q_1 \wedge Q_2 \wedge \cdots \wedge Q_n$ 的析取项为极小项,通常用 m_j 表示。关于极小项 m_j 有如下性质:

(1) 对于命题公式 $A(p_1,p_2,\cdots,p_n)$,共有 2^n 个极小项;

(2) 每个极小项 m_j 有 2^n 种真值指派,其中为 T 的真值指派唯一;

(3) 任意两个不相同的极小项的真值取值不能同为 T;

(4) 所有 2^n 个极小项之"$\vee$"为 T,即 $\bigvee_{j=1}^{2^n} m_j \Leftrightarrow T$。

例 2.2.10　设公式 $A(p,q,r) = (\neg p \wedge \neg q \wedge r) \vee (p \wedge q \wedge r)$,即为 A 的主析取范式。

根据主范式的定义,可以在合取范式和析取范式的基础上求解出公式 A 的主范式。下面给出具体的求解步骤:

(1) 求解命题公式 $A(p_1,p_2,\cdots,p_n)$ 的合取(析取)范式;

(2) 除去合取(析取)范式中所有永真(永假)的项,如 $p \vee \neg p$,$p \wedge \neg p$;

(3) 合并相同的合取(析取)项和相同的变元,如 $q \vee q \Leftrightarrow q$,$q \wedge q \Leftrightarrow q$;对某些合取(析取)项中仅有 $p_1,p_2,\cdots,p_n$ 中部分变元的项进行补齐,即在合取项中添加永假式 $p_l \wedge \neg p_l$(其中 p_l 为该项中缺少的变元),在析取项中添加永真式 $p_l \vee \neg p_l$(其中 p_l 为该项中缺少的变

元);然后用分配律展开,再化简。

例 2.2.11 求公式 $p \wedge q$ 的主合取范式。

解 $p \wedge q \Leftrightarrow (p \vee (q \wedge \neg q)) \wedge ((p \wedge \neg p) \vee q)$

$\Leftrightarrow (p \vee q) \wedge (p \vee \neg q) \wedge (p \vee q) \wedge (\neg p \vee q)$

$\Leftrightarrow (p \vee q) \wedge (p \vee \neg q) \wedge (\neg p \vee q)$ 为主合取范式

例 2.2.12 求公式 $p \rightarrow q$ 的主析取范式。

解 $p \rightarrow q \Leftrightarrow \neg p \vee q \Leftrightarrow (\neg p \wedge (q \vee \neg q)) \vee ((p \vee \neg p) \wedge q)$

$\Leftrightarrow (\neg p \wedge q) \vee (\neg p \wedge \neg q) \vee (p \wedge q) \vee (\neg p \wedge q)$

$\Leftrightarrow (\neg p \wedge q) \vee (\neg p \wedge \neg q) \vee (p \wedge q)$ 为主析取范式

例 2.2.13 求公式$(p \wedge q) \rightarrow (\neg q \wedge r)$ 的主合取范式和主析取范式。

解 $(p \wedge q) \rightarrow (\neg q \wedge r) \Leftrightarrow (\neg p \vee \neg q) \wedge (\neg p \vee \neg q \vee r)$

为合取范式

$\Leftrightarrow (\neg p \vee \neg q \vee (r \wedge \neg r)) \wedge (\neg p \vee \neg q \vee r)$

$\Leftrightarrow (\neg p \vee \neg q \vee r) \wedge (\neg p \vee \neg q \vee \neg r)$ 为主合取范式

$\Leftrightarrow \neg p \vee \neg q$ 为析取范式

$\Leftrightarrow (\neg p \wedge (q \vee \neg q) \wedge (r \vee \neg r)) \vee ((p \vee \neg p) \wedge \neg q$

$\wedge (r \vee \neg r))$

$\Leftrightarrow (\neg p \wedge \neg q \wedge r) \vee (\neg p \wedge \neg q \wedge \neg r) \vee (\neg p \wedge q \wedge r)$

$\vee (\neg p \wedge q \wedge \neg r) \vee (p \wedge \neg q \wedge \neg r) \vee (p \wedge \neg q \wedge r)$

为主析取范式

定理 2.2.2 永真式无主合取范式,永假式无主析取范式。

证明 若命题公式 $A(p_1, p_2, \cdots, p_n)$ 永真,假设有主合取范式,设其主合取范式为 $\bigwedge_i M_i$(表示公式 A 的主合取范式由若干极大项之"$\wedge$"构成),即有 $A \Leftrightarrow \bigwedge_i M_i$。根据极大项的性质知:对 $\bigwedge_i M_i$ 中的极

大项 M_{i_0} 存在指派 α_{i_0}，使得 $\alpha_{i_0}(M_{i_0})=F$，从而 $\alpha_{i_0}(\bigwedge_i M_i)=F$，即 $\alpha_{i_0}(A)=F$，这与 A 永真矛盾。故永真式无主合取范式。

同理可证永假式无主析取范式。

定理 2.2.3　任一命题公式（非永真或非永假）都存在唯一与之等价的主合取范式和主析取范式。

证明　下面以主合取范式的存在性和唯一性为例来证明。

存在性：由上面的求解过程即可知。

唯一性：假设命题公式 $A(p_1,p_2,\cdots,p_n)$ 的主合取范式不唯一，分别记为 $\bigwedge_i M_i$ 与 $\bigwedge_j M'_j$，且两个主合取范式中至少有一个极大项不同，不妨设 $\bigwedge_i M_i$ 中的极大项M_{i_0} 与 $\bigwedge_j M'_j$ 中的所有极大项均不同。根据极大项的性质知M_{i_0} 有 唯一为假的指派 α_{i_0}，即有 $\alpha_{i_0}(M_{i_0})=F$，从而 $\alpha_{i_0}(\bigwedge_i M_i)=F$，则由 $A\Leftrightarrow \bigwedge_i M_i$ 知$\alpha_{i_0}(A)=F$。又因 $\bigwedge_j M'_j$ 中的所有极大项均与 M_{i_0} 不同，故对于 $\bigwedge_j M'_j$ 中的每个极大项 M'_j 均有 $\alpha_{i_0}(M'_j)=T$，从而 $\alpha_{i_0}(\bigwedge_j M'_j)=T$，又 $A\Leftrightarrow \bigwedge_j M'_j$，所以 $\alpha_{i_0}(A)=T$，与 $\alpha_{i_0}(A)=F$ 矛盾。

对主析取范式的情况同理可证。

根据前面给出的合取项与析取项的性质，可以得到关于主合取范式与主合取范式关系的相关结论：

定理 2.2.4　若已知命题公式 $A(p_1,p_2,\cdots,p_n)$ 的主合取范式为 $\bigwedge_i M_i$，则其主析取范式为 $\neg(\neg A)$，其中 $\neg A$ 为 A 的所有 2^n 个极大项中除去主合取范式 $\bigwedge_i M_i$ 中的极大项后剩下的极大项之“$\wedge$”；同理，若已知命题公式 $A(p_1,p_2,\cdots,p_n)$ 的主析取范式为 $\bigvee_i m_i$，则其主合取范式为 $\neg(\neg A)$，其中 $\neg A$ 为 A 的所有 2^n 个极小项中除去主析取范式 $\bigvee_i m_i$ 中的极小项后剩下的极小项之“$\vee$”。

证明　记A的所有2^n个极大项中除去主合取范式$\bigwedge\limits_i M_i$中的极大项后剩下的极大项之“$\wedge$”为公式B，下面证$B \Leftrightarrow \neg A$。

由$A \Leftrightarrow \bigwedge\limits_i M_i$及$\bigwedge\limits_{i=1}^{2^n} M_i = F$知：$A \wedge B \Leftrightarrow F$。

① 若对任意指派α，有$\alpha(\neg A)=F$，即$\alpha(A)=T$，则由$A \wedge B \Leftrightarrow F$知此时必有$\alpha(B)=F$，从而$\alpha(B)=\alpha(\neg A)$；

② 若对任意指派α，有$\alpha(\neg A)=T$，即$\alpha(A)=F$。此时若$\alpha(B)=F$，则B中至少有一个极大项M_k使得$\alpha(M_k)=F$，由于A的主合取范式$\bigwedge\limits_i M_i$中的极大项均与M_k不同，故对$\bigwedge\limits_i M_i$中的任意极大项M_i有$\alpha(M_i)=T$，从而$\alpha(\bigwedge\limits_i M_i)=T$，即$\alpha(A)=T$，矛盾。故此时只有$\alpha(B)=T$，从而$\alpha(B)=\alpha(\neg A)$。

综上，对任意指派α均有$\alpha(B)=\alpha(\neg A)$，从而$B \Leftrightarrow \neg A$。

定理 2.2.5　命题公式$A(p_1,p_2,\cdots,p_n)$的主合取范式中极大项的数目与主析取范式中极小项的数目之和为2^n。

证明　直接由定理 2.2.4 即可知。

根据上述主合取范式与主析取范式之间的关系，可以给主范式的求取带来极大方便，只要求出其中一个，则由二者的关系能够很快求出另一个。

例 2.2.14　求公式$(p \wedge q) \to (\neg q \wedge r)$的主合取范式和主析取范式。

解　$(p \wedge q) \to (\neg q \wedge r) \Leftrightarrow (\neg p \vee \neg q) \wedge (\neg p \vee \neg q \vee r)$

$\Leftrightarrow (\neg p \vee \neg q \vee \neg r) \wedge (\neg p \vee \neg q \vee r)$为主合取范式

根据主合取范式和主析取范式的关系，则其主析取范式为

$(p \wedge q) \to (\neg q \wedge r)$

$\Leftrightarrow \neg((p \vee q \vee r) \wedge (p \vee q \vee \neg r)$

$$\begin{aligned}
&\wedge (p \vee \neg q \vee r) \wedge (p \vee \neg q \vee \neg r) \\
&\wedge (\neg p \vee q \vee r) \wedge (\neg p \vee q \vee \neg r)) \\
\Leftrightarrow &(\neg p \wedge \neg q \wedge \neg r) \vee (\neg p \wedge \neg q \wedge r) \\
&\vee (\neg p \wedge q \wedge \neg r) \vee (\neg p \wedge q \wedge r) \\
&\vee (p \wedge \neg q \wedge \neg r) \vee (p \wedge \neg q \wedge r)
\end{aligned}$$

除了上面求解主范式的方法外，还可以通过命题公式的真值表来求解相应的主范式。

设命题公式 $A(p_1, p_2, \cdots, p_n)$（非永真、非永假）的真值表如表 2.8 所示：

表 2.8　公式 A 的真值表

p_1　p_2　$\cdots$　p_n	A
前 k 个为真的指派	T
后 j 个为假的指派	F

其中 $k+j=2^n$。则根据命题公式 A 为真的指派可以得到 A 的主析取范式求解方法：

(1) 令 $A = m_1 \vee m_2 \vee \cdots \vee m_k$；

(2) 对 $m_i (i=1,2,\cdots,k)$，令 $m_i = P'_1 \wedge P'_2 \wedge \cdots \wedge P'_n$，其中

$$P'_l = \begin{cases} p_l & \text{若 } p_l \text{ 在第 } i \text{ 行的真值赋值为 } T \\ \neg p_l & \text{若 } p_l \text{ 在第 } i \text{ 行的真值赋值为 } F \end{cases}, l=1,2,\cdots,n$$

同理，可以得到 A 的主合取范式求解方法：

(1) 令 $A = M_{k+1} \wedge M_{k+2} \wedge \cdots \wedge M_{k+j}$；

(2) 对 $M_i (i=k+1,k+2,\cdots,k+j)$，令 $M_i = P'_1 \vee P'_2 \vee \cdots \vee P'_n$，其中

$$P'_l = \begin{cases} p_l & \text{若 } p_l \text{ 在第 } i \text{ 行的真值赋值为 } F \\ \neg p_l & \text{若 } p_l \text{ 在第 } i \text{ 行的真值赋值为 } T \end{cases}, l=1,2,\cdots,n$$

由此根据真值表能够很快给出公式 A 的主合取范式与主析取范式。

例 2.2.15 求公式 $A=p\leftrightarrow q$ 的主合取范式与主析取范式。

解 公式 A 的真值表如表 2.9 所示：

表 2.9 公式 A 的真值表

p	q	$p\leftrightarrow q$
T	T	T
T	F	F
F	T	F
F	F	T

则从 A 为真的指派可得主析取范式为

$$A=p\leftrightarrow q\Leftrightarrow(p\wedge q)\vee(\neg p\wedge\neg q)$$

则从 A 为假的指派可得主合取范式为

$$A=p\leftrightarrow q\Leftrightarrow(\neg p\vee q)\wedge(p\vee\neg q)$$

根据真值表与主范式的关系可得如下结论：

定理 2.2.6 n 元命题公式的全体可划分为 2^{2^n} 个等价类，每一类中的公式相互逻辑等价，并等价于它们公共的主合取范式（主析取范式）。

例 2.2.16 $A=(p\wedge q)\rightarrow(\neg q\wedge r)$

$\Leftrightarrow(\neg p\vee\neg q)\wedge(\neg p\vee\neg q\vee r)$

$\Leftrightarrow\neg p\vee(\neg p\wedge\neg q)\vee(\neg p\wedge r)\vee\neg q\vee(\neg q\wedge r)$

$\Leftrightarrow\neg p\vee\neg q$

$\Leftrightarrow(\neg p\vee\neg q\vee r)\wedge(\neg p\vee\neg q\vee\neg r)$ 为主合取范式

由此可见，尽管可以对公式 A 做很多不同的等价变换从而得到其不同的公式形式，但无论如何变换它均有一个唯一的规范化表现形式，即主范式。

对于主范式除了在开关代数中用于电路设计外，还可以用以简单的逻辑推理，如下例所示。

例 2.2.17　派 3 人 A,B,C 完成一项任务，需满足如下条件：

(1) 若 A 去，则 C 也去；

(2) 若 B 去，则 C 不能去；

(3) 若 C 不去，则 A 或 B 去。

试给出可能的派遣方案。

解　首先对上述命题进行形式化：

令　P：派 A 去；

Q：派 B 去；

R：派 C 去；

则上述派遣条件用命题公式可形式化为

$$(P \to R) \wedge (Q \to \neg R) \wedge (\neg R \to (P \vee Q))$$

$$\Leftrightarrow (\neg P \wedge \neg Q \wedge R) \vee (\neg P \wedge Q \wedge \neg R) \vee (P \wedge \neg Q \wedge R)$$

使得上式为真的指派即为满足派遣条件的派遣方案：

(1) A,B 均不去，C 去；

(2) A,C 均不去，B 去；

(3) A,C 均去，B 不去。

2.3　联结词的扩充与归约

前面介绍了一个 n 元逻辑联结词，其实就是一 n 元映射，是一个从 $\{T,F\}^n$ 到 $\{T,F\}$ 的映射，相应的真值函数表就有 2^{2^n} 种。因此可以给出更多的 n 元逻辑联结词，那么这些未给出的逻辑联结词和前面介绍的 5 个逻辑联结词之间有什么关系，这就是本节内容所要介绍的。下面先以 $n=1,2$ 为例给出更多的 n 元逻辑联结词，然后给出一般情况的结论。

1. 联结词的扩充

下面分别以 $n=1$ 和 $n=2$ 为例来给出联结词的扩充。

（1）当 $n=1$ 时，有 4 个不同的从 $\{T,F\}$ 到 $\{T,F\}$ 的映射，即有 4 个不同的一元联结词 f_1,f_2,f_3,f_4，从而对应的真值函数表就有 4 个，如表 2.10 所示。

表 2.10　$n=1$ 的 4 个联结词

p	f_1	f_2	f_3	f_4
T	F	F	T	T
F	F	T	F	T

相应的真值函数分别为：

$f_1(p)=F$，为常联结词

$f_2(p)=\neg p$，为否定词 $\neg$

$f_3(p)=p$，为恒等联结词

$f_4(p)=T$，为常联结词

（2）当 $n=2$ 时，就有 16 个不同的从 $\{T,F\}^2$ 到 $\{T,F\}$ 的映射，即有 16 个不同的二元联结词，相应的真值函数表就有 16 个，如表2.11 所示。

表 2.11　$n=2$ 的 16 个联结词

p	q	f_1	f_2	f_3	f_4	f_5	f_6	f_7	f_8
F	F	F	F	F	F	F	F	F	F
F	T	F	F	F	F	T	T	T	T
T	F	F	F	T	T	F	F	T	T
T	T	F	T	F	T	F	T	F	T
p	q	f_9	f_{10}	f_{11}	f_{12}	f_{13}	f_{14}	f_{15}	f_{16}
F	F	T	T	T	T	T	T	T	T
F	T	F	F	F	F	T	T	T	T
T	F	F	F	T	T	F	F	T	T
T	T	F	T	F	T	F	T	F	T

由表 2.11 可以看出 f_2 即为 $\wedge$，f_8 即为 $\vee$，f_{14} 即为 $\rightarrow$，f_{10} 即为 $\leftrightarrow$。另外 f_1，f_{16} 为常逻辑联结词。f_4，f_6 的映射结果分别与变元 p，q 的取值相同，故通常称为投影联结词；f_{11}，f_{13} 的映射结果分别与变元 q，p 的取值相反，即有：$f_{11}(p,q)=\neg q$，$f_{13}(p,q)=\neg p$，它们通常称为二元否定词。对于 f_{12}，本质仍为 $\rightarrow$，因为 $f_{12}(p,q)=q\rightarrow p$。对于 f_3，f_5 可视为"蕴涵否定词"，一般记为 $\nrightarrow$，因为 $f_3(p,q)=p\nrightarrow q=\neg(p\rightarrow q)$，$f_5(p,q)=q\nrightarrow p=\neg(q\rightarrow p)$。剩下的几个联结词是计算机科学中用得比较多的：

f_9 即为或非词 $\downarrow$，$f_9(p,q)=p\downarrow q\Leftrightarrow\neg(p\vee q)$

f_{15} 即为与非词 $\uparrow$，$f_{15}(p,q)=p\uparrow q\Leftrightarrow\neg(p\wedge q)$

f_7 即为异或词 $\forall$，$f_7(p,q)=p\ \forall q\Leftrightarrow\neg(p\leftrightarrow q)$

从上面的讨论可以看出，可以将逻辑联结词扩充得更多，同时也可以发现新扩充的联结词均可由前面给出的 5 个基本联结词表示出来。下面引入联结词的可表示性概念。

2. 联结词的归约

定义 2.3.1　联结词的可表示性：设 h 为一 n 元联结词，A 为由 m 个联结词 $g_1,g_2,\cdots,g_m$ 构成的命题公式，若有 $h(p_1,p_2,\cdots,p_n)\Leftrightarrow A$，则称联结词 h 可由联结词 $g_1,g_2,\cdots,g_m$ 来表示。

例 2.3.1　如上面给出的逻辑联结词或非词 $\downarrow$、与非词 $\uparrow$、异或词 $\forall$ 均可由联结词 $\neg$，$\wedge$，$\vee$，$\leftrightarrow$ 表示出来。

定义 2.3.2　联结词的完备集：设 C 为联结词的集合，若对任一命题公式都可由 C 中的联结词表示出来的公式与之等值，则称 C 是联结词的完备集，或称 C 是完备的联结词集合。

定理 2.3.1　$\{\neg,\wedge,\vee\}$ 是完备的联结词集合。

证明　即证对任一 n 元联结词均可由 $\{\neg,\wedge,\vee\}$ 表示。只需要证明任一n元联结词所对应的n元真值函数$f(p_1,p_2,\cdots,p_n)$可由$\{\neg,\wedge,\vee\}$表示出来即可。下面对n进行归纳证明。

(1) 当$n=1,2$时，由上述真值函数表知它们均可由$\{\neg,\wedge,\vee\}$表示出来；

(2) 假设当$n=k$时，即对k元联结词可以由$\{\neg,\wedge,\vee\}$表示出来，则当$n=k+1$时，有

$$f(p_1,p_2,\cdots,p_k,p_{k+1})\Leftrightarrow\begin{cases}f(F,p_2,\cdots,p_k,p_{k+1}),p_1=F\\f(T,p_2,\cdots,p_k,p_{k+1}),p_1=T\end{cases}$$

根据归纳假设知$f(F,p_2,\cdots,p_k,p_{k+1})$可由$\{\neg,\wedge,\vee\}$表示，记为公式$A$。同理$f(T,p_2,\cdots,p_k,p_{k+1})$可由$\{\neg,\wedge,\vee\}$表示，记为公式$B$，即

$$f(p_1,p_2,\cdots,p_k,p_{k+1})\Leftrightarrow\begin{cases}A,p_1=F\\B,p_1=T\end{cases}$$

$$\Leftrightarrow(\neg p_1\rightarrow A)\wedge(p_1\rightarrow B)$$

$$\Leftrightarrow(p_1\vee A)\wedge(\neg p_1\vee B)$$

所以当$n=k+1$时，$f(p_1,p_2,\cdots,p_k,p_{k+1})$也可由$\{\neg,\wedge,\vee\}$表示。

类似的联结词完备集还有$\{\neg,\wedge\}$，$\{\neg,\vee\}$，$\{\neg,\rightarrow\}$，$\{\uparrow\}$，$\{\downarrow\}$等，因为

$$p\vee q\Leftrightarrow\neg(\neg p\wedge\neg q)$$

$$p\wedge q\Leftrightarrow\neg(\neg p\vee\neg q)$$

$$p\vee q\Leftrightarrow\neg p\rightarrow q$$

$$\neg p\Leftrightarrow\neg(p\wedge p)\Leftrightarrow p\uparrow p$$

$$p\wedge q\Leftrightarrow\neg(\neg(p\wedge q))\Leftrightarrow\neg(p\uparrow q)\Leftrightarrow(p\uparrow q)\uparrow(p\uparrow q)$$

$$\neg p\Leftrightarrow\neg(p\vee p)\Leftrightarrow p\downarrow p$$

$$p\vee q\Leftrightarrow\neg(\neg(p\vee q))\Leftrightarrow\neg(p\downarrow q)\Leftrightarrow(p\downarrow q)\downarrow(p\downarrow q)$$

例 2.3.2　用$\{\uparrow\}$表示公式$(p \to \neg q) \to \neg r$。

解　$(p \to \neg q) \to \neg r \Leftrightarrow (\neg p \lor \neg q) \to \neg r$

$\Leftrightarrow \neg(\neg p \lor \neg q) \lor \neg r \Leftrightarrow \neg((\neg p \lor \neg q) \land r)$

$\Leftrightarrow (\neg p \lor \neg q) \uparrow r \Leftrightarrow (\neg(p \land q)) \uparrow r \Leftrightarrow (p \uparrow q) \uparrow r$

在后面的逻辑推理系统中，为了系统和推理的简洁性，将使用只有两个联结词的完备集$\{\neg, \to\}$。

2.4　对偶式

对偶性反映的是一种逻辑规律，它能给证明公式的等值或求否定带来很大的方便。下面先给出对偶式的定义，然后介绍几个有关对偶的性质定理。

定义 2.4.1　**对偶式**：在仅含有联结词$\neg$，$\land$，$\lor$ 的命题公式A中，将 $\land$ 换成 $\lor$，$\lor$ 换成 $\land$，F换成T，T换成F，得到的公式称为A的对偶式，记为A^*。

很显然，对偶是相互的，即有$(A^*)^* \Leftrightarrow A$。

例 2.4.1　若$A=(p \lor q) \land r$，则$A^*=(p \land q) \lor r$。

若$A=p \lor F$，则$A^*=p \land T$。

定义 2.4.2　**内否式**：设有命题公式$A(p_1, p_2, \cdots, p_n)$，对公式A中的变元$p_i(i=1, \cdots, n)$用$\neg p_i$做代入所得的结果称为A的内否式，记为A^-，即有：$A^-=A(\neg p_1, \neg p_2, \cdots, \neg p_n)$。

例 2.4.2　设$A=(p \lor q) \land r$，则$A^-=(\neg p \lor \neg q) \land \neg r$。

定理 2.4.1　$(A^-)^- \Leftrightarrow A$

根据A^-的定义显然成立。

定理 2.4.2　$\neg(A^*) \Leftrightarrow (\neg A)^*$

证明　设公式$A(p_1, p_2, \cdots, p_n)$中仅含有联结词$\neg$，$\land$，$\lor$，下

面根据公式 A 中逻辑联结词的个数 k 进行归纳证明。

(1) 当 $k=0$ 时，此时 A 为原子命题公式，即 $A=p_1$，从而 $\neg A=\neg p_1$。由于 p_1 为原子变元符，显然有 $p_1{}^* \Leftrightarrow p_1$，则 $\neg(A^*)\Leftrightarrow \neg(p_1{}^*)\Leftrightarrow\neg p_1$，$(\neg A)^*\Leftrightarrow(\neg p_1)^*\Leftrightarrow\neg p_1$，故 $\neg(A^*)\Leftrightarrow(\neg A)^*$。

(2) 假设当 $k\leqslant m$ 时，定理成立，则当 $k=m+1$ 时，根据公式 A 的定义，此时不妨设 A 的形式为以下三种情况：

$$A=\neg A_1,\quad A=A_1\wedge A_2,\quad A=A_1\vee A_2$$

其中公式 A_1,A_2 的联结词个数不超过 m，则根据归纳假设有

$$\neg(A_1{}^*)\Leftrightarrow(\neg A_1)^*$$

$$\neg(A_2{}^*)\Leftrightarrow(\neg A_2)^*$$

当 $A=\neg A_1$ 时，$\neg(A^*)\Leftrightarrow\neg((\neg A_1)^*)$，而 $\neg((\neg A_1)^*)\Leftrightarrow \neg(\neg(A_1^*))\Leftrightarrow A_1^*$，则 $\neg(A^*)\Leftrightarrow A_1^*$，又 $(\neg A)^*\Leftrightarrow(\neg(\neg A_1))^*\Leftrightarrow A_1^*$，故此时 $\neg(A^*)\Leftrightarrow(\neg A)^*$；

当 $A=A_1\wedge A_2$ 时，$\neg(A^*)\Leftrightarrow\neg((A_1\wedge A_2)^*)\Leftrightarrow\neg(A_1^*\vee A_2^*)$ $\Leftrightarrow(\neg(A_1^*))\wedge(\neg(A_2^*))$；

由归纳假设知 $(\neg(A_1^*))\wedge(\neg(A_2^*))\Leftrightarrow(\neg A_1)^*\wedge(\neg A_2)^*$，则 $\neg(A^*)\Leftrightarrow(\neg A_1)^*\wedge(\neg A_2)^*$。又 $(\neg A)^*\Leftrightarrow(\neg(A_1\wedge A_2))^*$ $\Leftrightarrow(\neg A_1\vee\neg A_2)^*\Leftrightarrow(\neg A_1)^*\wedge(\neg A_2)^*$，故 $\neg(A^*)\Leftrightarrow(\neg A)^*$。

当 $A=A_1\vee A_2$ 时，证法同 $A=A_1\wedge A_2$ 的情况。

故 $k=m+1$ 时，$\neg(A^*)\Leftrightarrow(\neg A)^*$ 成立。

定理 2.4.3 $\neg A\Leftrightarrow(A^*)^-$，$\neg(A^-)\Leftrightarrow(\neg A)^-$。

同定理 2.4.2 的证明。

定理 2.4.4 $(\neg A)^-\Leftrightarrow A^*$。

直接由定理 2.4.3 及定理 2.4.1 即可得出。

定理 2.4.5 若 $A\Leftrightarrow B$，则必有 $A^*\Leftrightarrow B^*$。

证明　由 $A \Leftrightarrow B$ 得 $\neg A \Leftrightarrow \neg B$，根据定理 2.4.3 知 $(A^*)^- \Leftrightarrow (B^*)^-$，再由定理 2.4.1 知 $A^* \Leftrightarrow B^*$。

例 2.4.3　由 $p \wedge (q \vee r) \Leftrightarrow (p \wedge q) \vee (p \wedge r)$，则根据定理 2.4.5 得

$$p \vee (q \wedge r) \Leftrightarrow (p \vee q) \wedge (p \vee r)$$

定理 2.4.6　若 $A \to B$ 永真，则 $B^* \to A^*$ 永真。

证明　由 $A \to B$ 永真知 $\neg B \to \neg A$ 永真，由定理 2.4.3 知 $(B^*)^- \to (A^*)^-$ 永真，则由永真式的代入原理知 $B^* \to A^*$ 永真。

例 2.4.4　由 $p \to (p \vee q)$ 为永真式，根据定理 2.4.6 可知 $(p \wedge q) \to p$ 也为永真式。

习　题

1. 将下列语句形式化为命题公式。

(1) 2 既是偶数又是素数。

(2) 一个整数是奇数当且仅当它不能被 2 整除。

(3) 大学里的学生不是本科生就是研究生。

(4) 你的车速超过每小时 100 公里足以接到超速罚单。

(5) 只要你接到超速罚单，你的车速就超过每小时 100 公里。

(6) 要选修离散数学课程，你必须已经选修线性代数或数学分析。

(7) 只要不下雨，我就骑自行车上班。

(8) 只有不下雨，我才骑自行车上班。

(9) 除非你年满 18 周岁，否则你没有选举权。

2. 判定下列逻辑蕴涵和逻辑等价是否成立，其中 A, B, C 为任意公式。

(1) $A \Rightarrow B \to A$

(2) $\neg A \to \neg B \Leftrightarrow B \to A$

(3) $A \to (B \to C) \Rightarrow (A \to B) \to (A \to C)$

(4) $A \to (B \to C) \Leftrightarrow A \wedge B \to C$

(5) $(A \vee B) \to C \Leftrightarrow (A \to C) \wedge (B \to C)$

(6) $\neg A \vee B, A \to (B \wedge C), D \to B \Rightarrow \neg B \to C$

3.求下列公式的合取范式与析取范式。

(1) $\neg(q \to p) \wedge (r \to \neg s)$

(2) $(\neg p \wedge q) \to r$

(3) $\neg(p \vee q) \leftrightarrow (p \wedge q)$

4.求下列公式的主合取范式与主析取范式。

(1) $p \to (p \wedge q)$

(2) $(p \vee q) \to (q \to r)$

(3) $(p \to (p \wedge q)) \vee r$

5.用$\{\neg, \to\}$等价表示下列公式。

(1) $p \vee (p \wedge q) \leftrightarrow p$

(2) $((p \vee q) \vee r) \leftrightarrow (p \vee (q \vee r))$

(3) $((p \wedge q) \wedge r) \leftrightarrow (p \wedge (q \wedge r))$

(4) $(p \wedge (q \vee r)) \leftrightarrow ((p \wedge q) \vee (p \wedge r))$

(5) $(p \vee (q \wedge r)) \leftrightarrow (p \vee q) \wedge (p \vee r)$

6.用 $\downarrow$、$\uparrow$ 分别等价表示下列公式。

(1) $\neg p \vee q$

(2) $p \wedge \neg q$

(3) $\neg p \vee \neg q$

(4) $p \leftrightarrow q$

第3章 命题演算形式系统

在上一章里，我们用真值表方法研究命题逻辑，比如用真值表判定一个命题公式是不是重言式、矛盾式、任意两个公式是否等值、求解相互等价的命题公式的共同规范化形式即主范式，以及一个命题公式是不是其他命题公式的逻辑蕴涵结果等，但真值表方法有它的局限性，比如作为反映逻辑规律的重言式，由于它们不可胜数，真值表技术不能把所有的重言式作为一个整体来研究，因此反映不了所有这些逻辑规律构成的系统的整体性质。在本章，我们将用另一种能将它们包括在一个整体之内的方法，即公理化方法来研究命题逻辑。为使这种理论讨论较为简洁，先建立一个简明的命题逻辑形式系统 PC(propositional calculus)，然后再介绍一个更实用、比较符合人的思维模式的推理演算系统，即自然推理系统 ND(natural deduction)。

3.1 命题逻辑演算形式系统

一个形式系统通常包括如下几个组成部分：第一部分就是形式系统的语言，也称形式语言部分，类似于数学语言、程序设计语言等，它也是一种人工语言，此部分通常包括语言的基本符号集，并由它们根据一定的语法规则形成有穷符号序列的表达式。第二部分是系统的公理，它是不加证明而接受为系统的推理出发点，系统中的其余命题，都是从公理出发经证明推导出来的。第三部分是推理规则，也称为变形规则，它是用来从公理推导定理的。第四部分是定理，就是从公理出发，然后运用推理规则，推出一个称为结论的结果，就称作定理。

3.1.1　命题演算形式系统的组成

下面分别从以下几部分来介绍命题逻辑演算形式系统：语言部分的字符集和命题公式的形成规则，推理部分的公理、推理规则及定理推导。

1. 字符集

(1) 原子变元符：$p_1, p_2, \cdots, p_n, \cdots$

(2) 联结词完备集：$\{\neg, \rightarrow\}$

(3) 辅助符号：圆括号()

通常将字符集部分用符号表示为 $\Sigma = \{(,), \neg, \rightarrow, p_1, p_2, \cdots, p_n, \cdots\}$。

2. 形成规则

形成规则就是由原子变元符及联结词形成命题公式的规则，即命题公式的定义部分。

3. 公理

在命题演算形式系统中挑选如下三个最基本的重言式作为公理，使得它们能作为推导其他所有重言式的依据。

$A1: A \rightarrow (B \rightarrow A)$

$A2: (A \rightarrow (B \rightarrow C)) \rightarrow ((A \rightarrow B) \rightarrow (A \rightarrow C))$

$A3: (\neg A \rightarrow \neg B) \rightarrow (B \rightarrow A)$

其中 A, B, C 为语法变元，可代表任意命题公式，因此上述每一个重言式都不是代表一个公理，而是代表无穷多个公理，凡是和它们具有相同形式结构的命题公式都是公理，因此它们代表的是三类公理模式，即对它们根据带入原理得到的任何结果均仍为公理，如

$\neg P \to (B \to \neg P)$

$(A \to (\neg B \to \neg C)) \to ((A \to \neg B) \to (A \to \neg C))$

$(\neg\neg A \to \neg\neg B) \to (\neg B \to \neg A)$

均仍为公理，但$(\neg A \to B) \to (\neg B \to A)$ 不是公理。

4. 推理规则

推理规则用于从已有的公理和已推理出来的结论来推理另一结论。在命题演算形式系统中仅有一个推理规则，称为分离规则(r_{mp})：即若有结论 A 及 $A \to B$ 成立，则必有结论 B 成立，可用形式化推理序列表示为

$$A, A \to B, B$$

根据分离规则可看出，如果 A 及 $A \to B$ 为真，则必有 B 为真，若 A 及 $A \to B$ 为永真，则必有 B 为永真，此属性称为分离规则的保真性。

5. 定理推导

定理推导是 PC 形式系统中的重要内容，包括所有的推理结论及其推理过程。

3.1.2　命题演算形式系统的基本定理

在给出命题演算形式系统的常见基本定理的推导前，先给出几个与逻辑推理相关的基本定义。

定义 3.1.1　证明：称下列公式序列为公式 A 在 PC 中的一个证

明

$$A_1, A_2, \cdots, A_m (=A)$$

其中 $A_i (i=1,\cdots,m-1)$ 或为 PC 的公理，或为 $A_j (j<i)$，或为 A_j，$A_k (j,k<i)$ 使用 r_{mp} 导出的，而 A_m 即为公式 A。

定义 3.1.2　定理：如果公式 A 在 PC 中有一个证明序列，则称 A 为 PC 的定理，记为 $\vdash_{PC} A$，或简记为 $\vdash A$。其中符号"$\vdash$"表示其后的公式在 PC 中是可证明的。从语义的角度来看就是表示后面的公式为重言式。

定义 3.1.3　演绎：设 Γ 为 PC 中若干公式构成的公式集，称下列公式序列为公式 A 以 Γ 为前提的演绎，即

$$A_1, A_2, \cdots, A_m (=A)$$

其中 $A_i (i=1,\cdots,m-1)$ 或为 PC 的公理，或为 Γ 中的成员，或为 $A_j (j<i)$，或为 A_j，$A_k (j,k<i)$ 使用 r_{mp} 导出的，而 A_m 即为公式 A。记为 $\Gamma \vdash_{PC} A$ 或简记为 $\Gamma \vdash A$，并称 A 为 Γ 的演绎结果。

若 Γ 中仅有一个成员，如 $\Gamma=\{B\}$，此时 $\Gamma \vdash A$ 即为 $B \vdash A$，表示公式 A 可由前提 B 在 PC 中演绎出来，若此时还有 $A \vdash B$，则称公式 A，B 演绎等价，记为 $A \vdash\dashv B$。

下面给出 PC 中的若干基本定理。正如公理为公理模式，下面推导出来的定理也均为定理模式，每个都代表无穷多个定理。

定理 3.1.1　证明 $A \to A$ 是 PC 的定理，即证 $\vdash A \to A$。

证明

(1) $(A \to ((B \to A) \to A)) \to ((A \to (B \to A)) \to (A \to A))$　A2

(2) $A \to ((B \to A) \to A)$　A1

(3) $(A \to (B \to A)) \to (A \to A)$　(1)(2)r_{mp}

(4) $A \to (B \to A)$　A1

(5) $A \to A$　(3)(4)r_{mp}

为了便于查看具体的推理过程或者说符号串的变换过程，我们将每一步推理过程中用到的公理、已证定理或如何运用推理规则注释在后面，以下类同。

定理 3.1.2　若 $\vdash P$，则有 $\vdash A \to P$。

即若假设公式 P 为 PC 的定理，则公式 $A \to P$ 也为 PC 的定理。

证明

(1) P 定理

(2) $P \to (A \to P)$　$A1$

(3) $A \to P$　(1)(2)r_{mp}

定理 3.1.3　$\vdash \neg A \to (A \to B)$

证明

(1) $(\neg B \to \neg A) \to (A \to B)$　$A3$

(2) $\neg A \to ((\neg B \to \neg A) \to (A \to B))$　(1) 定理 3.1.2

(3) $(\neg A \to ((\neg B \to \neg A) \to (A \to B)))$

$\to ((\neg A \to (\neg B \to \neg A)) \to (\neg A \to (A \to B)))$　$A2$

(4) $(\neg A \to (\neg B \to \neg A)) \to (\neg A \to (A \to B))$

(2)(3)r_{mp}

(5) $\neg A \to (\neg B \to \neg A)$　$A1$

(6) $\neg A \to (A \to B)$　(4)(5)r_{mp}

定理 3.1.4　$\neg\neg A \vdash A$，即证 A 是 $\neg\neg A$ 的演绎结果。

证明

(1) $\neg\neg A$ 前提

(2) $\neg\neg A \to (\neg\neg\neg\neg A \to \neg\neg A)$　$A1$

(3) $\neg\neg\neg\neg A \to \neg\neg A$　(1)(3)r_{mp}

(4) $(\neg\neg\neg\neg A \to \neg\neg A) \to (\neg A \to \neg\neg\neg A)$　$A3$

(5) $\neg A \to \neg\neg\neg A$　(3)(4)r_{mp}

(6) $(\neg A \to \neg\neg\neg A) \to (\neg\neg A \to A)$　A3

(7) $\neg\neg A \to A$　(5)(6)r_{mp}

(8) A　(1)(7)r_{mp}

定理 3.1.5　$\vdash (B \to C) \to ((A \to B) \to (A \to C))$

证明

(1) $(A \to (B \to C)) \to ((A \to B) \to (A \to C))$ A2

(2) $(B \to C) \to ((A \to (B \to C)) \to ((A \to B) \to (A \to C)))$

(1) 定理 3.1.2

(3) $((B \to C) \to ((A \to (B \to C)) \to ((A \to B) \to (A \to C))))$ $\to (((B \to C) \to (A \to (B \to C))) \to ((B \to C) \to ((A \to$ $B) \to (A \to C))))$　A2

(4) $((B \to C) \to (A \to (B \to C))) \to ((B \to C)$ $\to ((A \to B) \to (A \to C)))$　(2)(3)r_{mp}

(5) $(B \to C) \to (A \to (B \to C))$　A1

(6) $(B \to C) \to ((A \to B) \to (A \to C))$　(4)(5)r_{mp}

定理 3.1.6　$\vdash (A \to (B \to C)) \to (B \to (A \to C))$

证明

(1) $(A \to (B \to C)) \to ((A \to B) \to (A \to C))$　A2

(2) $((A \to (B \to C)) \to ((A \to B) \to (A \to C)))$ $\to (((A \to (B \to C)) \to (A \to B)) \to ((A \to (B \to C)) \to$ $(A \to C)))$ A2

(3) $((A \to (B \to C)) \to (A \to B)) \to ((A \to (B \to C)) \to (A$ $\to C))$　(1)(2)r_{mp}

(4) $(A \to B) \to (((A \to (B \to C)) \to (A \to B))$ $\to ((A \to (B \to C)) \to (A \to C)))$　(3) 定理 3.1.2

(5) $((A \to B) \to ((A \to (B \to C)) \to (A \to B)))$

$\to ((A \to B) \to ((A \to (B \to C)) \to (A \to C)))$

(4)$A2r_{mp}$

(6) $(A \to B) \to ((A \to (B \to C)) \to (A \to B))$　$A1$

(7) $(A \to B) \to ((A \to (B \to C)) \to (A \to C))$　(5)(6)r_{mp}

(8) $B \to ((A \to B) \to ((A \to (B \to C)) \to (A \to C)))$

(7) 定理 3.1.2

(9) $(B \to (A \to B)) \to (B \to ((A \to (B \to C)) \to (A \to C)))$

(8)$A2r_{mp}$

(10) $B \to (A \to B)$　$A1$

(11) $B \to ((A \to (B \to C)) \to (A \to C))$　(9)(10)r_{mp}

(12) $(A \to (B \to C)) \to (B \to (A \to C))$

对(11) 重复(1) ～ (7) 的过程

定理 3.1.7　$\vdash (A \to B) \to ((B \to C) \to (A \to C))$

证明

(1) $(B \to C) \to ((A \to B) \to (A \to C))$　定理 3.1.5

(2) $((B \to C) \to ((A \to B) \to (A \to C)))$

$\to ((A \to B) \to ((B \to C) \to (A \to C)))$　定理 3.1.6

(3) $(A \to B) \to ((B \to C) \to (A \to C))$　(1)(2)r_{mp}

定理 3.1.8　$\vdash (\neg A \to A) \to A$

证明

(1) $\neg A \to (A \to \neg(\neg A \to A))$　定理 3.1.3

(2) $(\neg A \to (A \to \neg(\neg A \to A))) \to ((\neg A \to A) \to (\neg A \to$

$\neg(\neg A \to A)))$　$A2$

(3) $\{(\neg A \to A) \to (\neg A \to \neg(\neg A \to A))\}$　(1)(2)r_{mp}

(4) $(\neg A \to \neg(\neg A \to A)) \to ((\neg A \to A) \to A)$　$A3$

(5) $(\neg A \to A) \to ((\neg A \to A) \to A)$ (3)(4) 定理3.1.7r_{mp}

(6) $((\neg A \to A) \to (\neg A \to A)) \to ((\neg A \to A) \to A)$

(5)$A2r_{mp}$

(7) $(\neg A \to A) \to (\neg A \to A)$ 定理 3.1.1

(8) $(\neg A \to A) \to A$ (6)(7)r_{mp}

定理 3.1.9 $\vdash \neg\neg A \to A$

证明

(1) $(\neg A \to A) \to A$ 定理 3.1.8

(2) $\neg\neg A \to ((\neg A \to A) \to A)$ (1) 定理 3.1.2

(3) $(\neg\neg A \to (\neg A \to A)) \to (\neg\neg A \to A)$ (2)$A2r_{mp}$

(4) $\neg\neg A \to (\neg A \to A)$ 定理 3.1.3

(5) $\neg\neg A \to A$ (3)(4)r_{mp}

定理 3.1.10 $\vdash A \to \neg\neg A$

证明

(1) $(\neg\neg\neg A \to \neg A) \to (A \to \neg\neg A)$ $A3$

(2) $\neg\neg\neg A \to \neg A$ 定理 3.1.9

(3) $(A \to \neg\neg A)$ (1)(2)r_{mp}

定理 3.1.11 $\vdash (A \to \neg B) \to (B \to \neg A)$

证明

(1) $(\neg\neg A \to A) \to ((A \to \neg B) \to (\neg\neg A \to \neg B))$ 定理3.1.7

(2) $\neg\neg A \to A$ 定理 3.1.9

(3) $(A \to \neg B) \to (\neg\neg A \to \neg B)$ (1)(2) r_{mp}

(4) $(\neg\neg A \to \neg B) \to (B \to \neg A)$ $A3$

(5) $(A \to \neg B) \to (B \to \neg A)$ (3)(4) 定理 3.1.7r_{mp}

定理 3.1.12 $\vdash (A \to B) \to (\neg B \to \neg A)$

证明

(1) $(\neg\neg A \to A) \to ((A \to B) \to (\neg\neg A \to B))$　定理3.1.7

(2) $\neg\neg A \to A$　定理 3.1.9

(3) $(A \to B) \to (\neg\neg A \to B)$　(1)(2)r_{mp}

(4) $B \to \neg\neg B$　定理 3.1.10

(5) $\neg\neg A \to (B \to \neg\neg B)$　(4) 定理 3.1.2

(6) $(\neg\neg A \to B) \to (\neg\neg A \to \neg\neg B)$　(5)A2r_{mp}

(7) $(A \to B) \to (\neg\neg A \to \neg\neg B)$　(3)(6) 定理 3.1.7r_{mp}

(8) $(\neg\neg A \to \neg\neg B) \to (\neg B \to \neg A)$　A3

(9) $(A \to B) \to (\neg B \to \neg A)$　(7)(8) 定理 3.1.7r_{mp}

定理 3.1.13　$\vdash(\neg A \to B) \to (\neg B \to A)$

证明

(1) $B \to \neg\neg B$　定理 3.1.10

(2) $\neg A \to (B \to \neg\neg B)$　(1) 定理 3.1.2

(3) $(\neg A \to B) \to (\neg A \to \neg\neg B)$　(2)A2r_{mp}

(4) $(\neg A \to \neg\neg B) \to (\neg B \to A)$　A3

(5) $(\neg A \to B) \to (\neg B \to A)$　(3)(4) 定理 3.1.7

定理 3.1.14　$\vdash(A \to C) \to ((B \to C) \to ((\neg A \to B) \to C))$

证明

(1) $(\neg A \to B) \to (\neg A \to B)$　定理 3.1.1

(2) $\neg A \to ((\neg A \to B) \to B)$　(1) 定理 3.1.6r_{mp}

(3) $((\neg A \to B) \to B) \to (\neg B \to \neg(\neg A \to B))$ 定理 3.1.12

(4) $\neg A \to (\neg B \to \neg(\neg A \to B))$　(2)(3) 定理 3.1.7r_{mp}

(5) $\neg C \to (\neg A \to (\neg B \to \neg(\neg A \to B)))$　(4) 定理 3.1.2

(6) $(\neg C \to \neg A) \to (\neg C \to (\neg B \to \neg(\neg A \to B)))$

(5)A2r_{mp}

(7) $(\neg C \to (\neg B \to \neg(\neg A \to B))) \to ((\neg C \to \neg B) \to (\neg C$

$\rightarrow \neg(\neg A \rightarrow B)))$　A2

(8) $(\neg C \rightarrow \neg A) \rightarrow ((\neg C \rightarrow \neg B) \rightarrow (\neg C \rightarrow \neg(\neg A \rightarrow B)))$

(6)(7) 定理 3.1.7r_{mp}

(9) $(\neg C \rightarrow \neg(\neg A \rightarrow B)) \rightarrow ((\neg A \rightarrow B) \rightarrow C)$　A3

(10) $(\neg C \rightarrow \neg B) \rightarrow ((\neg C \rightarrow \neg(\neg A \rightarrow B)) \rightarrow ((\neg A \rightarrow B) \rightarrow C))$

(9) 定理 3.1.2

(11) $((\neg C \rightarrow \neg B) \rightarrow (\neg C \rightarrow \neg(\neg A \rightarrow B)))$

$\rightarrow ((\neg C \rightarrow \neg B) \rightarrow ((\neg A \rightarrow B) \rightarrow C))$　(10)A2r_{mp}

(12) $(\neg C \rightarrow \neg A) \rightarrow ((\neg C \rightarrow \neg B) \rightarrow ((\neg A \rightarrow B) \rightarrow C))$

(8)(11) 定理 3.1.7r_{mp}

(13) $(A \rightarrow C) \rightarrow (\neg C \rightarrow \neg A)$　定理 3.1.12

(14) $(A \rightarrow C) \rightarrow ((\neg C \rightarrow \neg B) \rightarrow ((\neg A \rightarrow B) \rightarrow C))$

(12)(13) 定理 3.1.7r_{mp}

(15) $(\neg C \rightarrow \neg B) \rightarrow ((A \rightarrow C) \rightarrow ((\neg A \rightarrow B) \rightarrow C))$

(14) 定理 3.1.6r_{mp}

(16) $(B \rightarrow C) \rightarrow (\neg C \rightarrow \neg B)$　定理 3.1.12

(17) $(B \rightarrow C) \rightarrow ((A \rightarrow C) \rightarrow ((\neg A \rightarrow B) \rightarrow C))$

(15)(16) 定理 3.1.7r_{mp}

(18) $(A \rightarrow C) \rightarrow ((B \rightarrow C) \rightarrow ((\neg A \rightarrow B) \rightarrow C))$

(17) 定理 3.1.6r_{mp}

同理可证 $\vdash(\neg A \rightarrow C) \rightarrow ((B \rightarrow C) \rightarrow ((A \rightarrow B) \rightarrow C))$。

对于命题公式中涉及联结词 $\wedge$，$\vee$，$\leftrightarrow$ 等的公式，可以先将这些联结词用完备集 $\{\neg, \rightarrow\}$ 表示出来，然后再证明。如以下定理所示。

定理 3.1.15　$\vdash A \rightarrow A \vee B$ 及 $\vdash A \rightarrow B \vee A$

即证 $\vdash A \rightarrow (\neg A \rightarrow B)$ 及 $\vdash A \rightarrow (\neg B \rightarrow A)$

先证 $\vdash A \to (\neg A \to B)$

(1) $\neg A \to (A \to B)$　定理 3.1.3

(2) $A \to (\neg A \to B)$　(1) 定理 3.1.6r_{mp}

再证 $\vdash A \to (\neg B \to A)$,显然。

定理 3.1.16　$\vdash A \wedge B \to A$ 及 $\vdash A \wedge B \to A$

即证 $\vdash \neg(A \to \neg B) \to A$ 及 $\vdash \neg(A \to \neg B) \to B$

先证 $\vdash \neg(A \to \neg B) \to A$

(1) $\neg A \to (A \to \neg B)$　定理 3.1.3

(2) $(\neg A \to (A \to \neg B)) \to (\neg(A \to \neg B) \to A)$　定理 3.1.13

(3) $\neg(A \to \neg B) \to A$　(1)(2)r_{mp}

再证 $\vdash \neg(A \to \neg B) \to B$

(1) $\neg B \to (A \to \neg B)$　A1

(2) $(\neg B \to (A \to \neg B)) \to (\neg(A \to \neg B) \to B)$　定理 3.1.13

(3) $\neg(A \to \neg B) \to B$　(1)(2)r_{mp}

定理 3.1.17　$\vdash (A \to (B \to C)) \leftrightarrow (A \wedge B \to C)$

即证 $\vdash ((A \to (B \to C)) \leftrightarrow (\neg(A \to \neg B) \to C)$

先证 $\vdash ((A \to (B \to C)) \to (\neg(A \to \neg B) \to C)$

(1) $(B \to C) \to (\neg C \to \neg B)$　定理 3.1.12

(2) $A \to ((B \to C) \to (\neg C \to \neg B))$　(1) 定理 3.1.2

(3) $(A \to (B \to C)) \to (A \to (\neg C \to \neg B))$　(2)A2r_{mp}

(4) $(A \to (\neg C \to \neg B)) \to (\neg C \to (A \to \neg B))$　定理 3.1.6

(5) $(\neg C \to (A \to \neg B)) \to (\neg(A \to \neg B) \to C)$　定理 3.1.13

(6) $(A \to (\neg C \to \neg B)) \to (\neg(A \to \neg B) \to C)$

(4)(5) 定理 3.1.7r_{mp}

(7) $(A \to (B \to C)) \to (\neg(A \to \neg B) \to C)$

(3)(6) 定理3.1.7r_{mp}

再证 $\vdash(\neg(A \to \neg B) \to C) \to (A \to (B \to C))$

(1) $(\neg C \to \neg B) \to (B \to C)$ A3

(2) $A \to ((\neg C \to \neg B) \to (B \to C))$ (1) 定理 3.1.2

(3) $(A \to (\neg C \to \neg B)) \to (A \to (B \to C))$ (2)$A2r_{mp}$

(4) $(\neg C \to (A \to \neg B)) \to (A \to (\neg C \to \neg B))$ 定理 3.1.6

(5) $(\neg C \to (A \to \neg B)) \to (A \to (B \to C))$

(3)(4) 定理3.1.7r_{mp}

(6) $(\neg(A \to \neg B) \to C) \to (\neg C \to (A \to \neg B))$ 定理 3.1.13

(7) $(\neg(A \to \neg B) \to C) \to (A \to (B \to C))$

(5)(6) 定理3.1.7r_{mp}

定理 3.1.18 $\vdash A \to (B \to A \wedge B)$

即证 $\vdash A \to (B \to \neg(A \to \neg B))$

证明

(1) $(A \to \neg B) \to (A \to \neg B)$ A1

(2) $A \to ((A \to \neg B) \to \neg B)$ (1) 定理 3.1.6r_{mp}

(3) $((A \to \neg B) \to \neg B) \to (B \to \neg(A \to \neg B))$ 定理 3.1.11

(4) $A \to (B \to \neg(A \to \neg B))$ (2)(3) 定理 3.1.7r_{mp}

定理 3.1.19 $\vdash(A \to B) \to ((A \to C) \to (A \to B \wedge C))$

即证 $\vdash(A \to B) \to ((A \to C) \to (A \to \neg(B \to \neg C)))$

证明

(1) $(B \to \neg C) \to (B \to \neg C)$ A1

(2) $B \to ((B \to \neg C) \to \neg C)$ (1) 定理 3.1.6r_{mp}

(3) $((B \to \neg C) \to \neg C) \to (C \to \neg(B \to \neg C)$ 定理 3.1.11

(4) $B \to (C \to \neg(B \to \neg C)$ (2)(3) 定理 3.1.7r_{mp}

(5) $A \to (B \to (C \to \neg(B \to \neg C))$ (4) 定理 3.1.2

(6) $(A \to B) \to (A \to (C \to \neg(B \to \neg C)))$ (5)$A2r_{mp}$

(7) $(A\rightarrow(C\rightarrow\neg(B\rightarrow\neg C)))\rightarrow((A\rightarrow C)\rightarrow(A\rightarrow\neg(B\rightarrow\neg C)))$　A2

(8) $(A\rightarrow B)\rightarrow((A\rightarrow C)\rightarrow(A\rightarrow\neg(B\rightarrow\neg C)))$

(6)(7) 定理 3.1.7r_{mp}

定理 3.1.20　$\vdash A\vee B\leftrightarrow B\vee A$

即证 $\vdash(\neg A\rightarrow B)\leftrightarrow(\neg B\rightarrow A)$

由定理 3.1.13 即可知。

定理 3.1.21　$\vdash A\wedge B\leftrightarrow B\wedge A$

即证 $\vdash\neg(A\rightarrow\neg B)\leftrightarrow\neg(B\rightarrow\neg A)$

只需证：$\vdash(A\rightarrow\neg B)\leftrightarrow(B\rightarrow\neg A)$

由定理 3.1.11 即可知。

定理 3.1.22　$\vdash(A\vee B)\vee C\leftrightarrow A\vee(B\vee C)$

即证 $\vdash(\neg(\neg A\rightarrow B)\rightarrow C)\leftrightarrow(\neg A\rightarrow(\neg B\rightarrow C))$

先证 $\vdash(\neg(\neg A\rightarrow B)\rightarrow C)\rightarrow(\neg A\rightarrow(\neg B\rightarrow C))$

(1) $(\neg C\rightarrow B)\rightarrow(\neg B\rightarrow C)$　定理 3.1.13

(2) $\neg A\rightarrow((\neg C\rightarrow B)\rightarrow(\neg B\rightarrow C))$　(1) 定理 3.1.2

(3) $(\neg A\rightarrow(\neg C\rightarrow B))\rightarrow(\neg A\rightarrow(\neg B\rightarrow C))$　(2)A2r_{mp}

(4) $(\neg C\rightarrow(\neg A\rightarrow B))\rightarrow(\neg A\rightarrow(\neg C\rightarrow B))$　定理3.1.6

(5) $(\neg C\rightarrow(\neg A\rightarrow B))\rightarrow(\neg A\rightarrow(\neg B\rightarrow C))$

(3)(4) 定理 3.1.7r_{mp}

(6) $(\neg(\neg A\rightarrow B)\rightarrow C)\rightarrow(\neg C\rightarrow(\neg A\rightarrow B))$　定理3.1.13

(7) $(\neg(\neg A\rightarrow B)\rightarrow C)\rightarrow(\neg A\rightarrow(\neg B\rightarrow C))$

(5)(6) 定理 3.1.7r_{mp}

再证 $\vdash(\neg A\rightarrow(\neg B\rightarrow C))\rightarrow(\neg(\neg A\rightarrow B)\rightarrow C)$

(1) $(\neg B\rightarrow C)\rightarrow(\neg C\rightarrow B)$　定理 3.1.13

(2) $\neg A\rightarrow((\neg B\rightarrow C)\rightarrow(\neg C\rightarrow B))$　(1) 定理 3.1.2

(3) $(\neg A \to (\neg B \to C)) \to (\neg A \to (\neg C \to B))$ (2)$A2r_{mp}$

(4) $(\neg A \to (\neg C \to B)) \to (\neg C \to (\neg A \to B))$ 定理3.1.6

(5) $(\neg A \to (\neg B \to C)) \to (\neg C \to (\neg A \to B))$

(3)(4) 定理 3.1.7r_{mp}

(6) $(\neg C \to (\neg A \to B)) \to (\neg(\neg A \to B) \to C)$ 定理3.1.13

(7) $(\neg A \to (\neg B \to C)) \to (\neg(\neg A \to B) \to C)$

(5)(6) 定理 3.1.7r_{mp}

定理 3.1.23 $\vdash((A \wedge B) \wedge C) \leftrightarrow (A \wedge (B \wedge C))$

即证 $\vdash \neg(\neg(A \to \neg B) \to \neg C) \leftrightarrow \neg(A \to (B \to \neg C))$

只需证：$\vdash(\neg(A \to \neg B) \to \neg C) \leftrightarrow (A \to (B \to \neg C))$

先证 $\vdash(\neg(A \to \neg B) \to \neg C) \to (A \to (B \to \neg C))$

(1) $(C \to \neg B) \to (B \to \neg C)$ 定理 3.1.11

(2) $A \to ((C \to \neg B) \to (B \to \neg C))$ (1) 定理 3.1.2

(3) $(A \to (C \to \neg B)) \to (A \to (B \to \neg C))$ (2)$A2r_{mp}$

(4) $(C \to (A \to \neg B)) \to (A \to (C \to \neg B))$ 定理 3.1.6

(5) $(C \to (A \to \neg B)) \to (A \to (B \to \neg C))$

(3)(4) 定理3.1.7r_{mp}

(6) $(\neg(A \to \neg B) \to \neg C) \to (C \to (A \to \neg B))$ $A3$

(7) $(\neg(A \to \neg B) \to \neg C) \to (A \to (B \to \neg C))$

(5)(6) 定理 3.1.7r_{mp}

再证 $\vdash(A \to (B \to \neg C)) \to (\neg(A \to \neg B) \to \neg C)$

(1) $(B \to \neg C) \to (C \to \neg B)$ 定理 3.1.11

(2) $A \to ((B \to \neg C) \to (C \to \neg B))$ (1) 定理 3.1.2

(3) $(A \to (B \to \neg C)) \to (A \to (C \to \neg B))$ (2)$A2r_{mp}$

(4) $(A \to (C \to \neg B)) \to (C \to (A \to \neg B))$ 定理 3.1.6

(5) $(A \to (B \to \neg C)) \to (C \to (A \to \neg B))$

(3)(4) 定理3.1.7r_{mp}

(6) $(C \to (A \to \neg B)) \to (\neg(A \to \neg B) \to \neg C)$　定理3.1.12

(7) $(A \to (B \to \neg C)) \to (\neg(A \to \neg B) \to \neg C)$

(5)(6) 定理 3.1.7r_{mp}

定理 3.1.24　$\vdash A \wedge (A \vee B) \leftrightarrow A$

即证 $\vdash \neg(A \to \neg(\neg A \to B)) \leftrightarrow A$

先证 $\vdash \neg(A \to \neg(\neg A \to B)) \to A$

(1) $\neg A \to (A \to \neg(\neg A \to B))$　定理 3.1.3

(2) $(\neg A \to (A \to \neg(\neg A \to B))) \to (\neg(A \to \neg(\neg A \to B)) \to A)$

定理 3.1.13

(3) $\neg(A \to \neg(\neg A \to B)) \to A$　(1)(2)r_{mp}

再证 $\vdash A \to \neg(A \to \neg(\neg A \to B))$

(1) $\neg A \to (A \to B)$　定理 3.1.3

(2) $A \to (\neg A \to B)$　(1) 定理 3.1.6r_{mp}

(3) $(A \to (\neg A \to B)) \to (((\neg A \to B) \to \neg A) \to (A \to \neg A))$

定理 3.1.7

(4) $((\neg A \to B) \to \neg A) \to (A \to \neg A)$　(2)(3)r_{mp}

(5) $(A \to \neg A) \to (\neg\neg A \to \neg A)$　定理 3.1.12

(6) $(\neg\neg A \to \neg A) \to \neg A$　定理 3.1.8

(7) $(A \to \neg A) \to \neg A$　(5)(6) 定理 3.1.7r_{mp}

(8) $((\neg A \to B) \to \neg A) \to \neg A$　(4)(7) 定理 3.1.7r_{mp}

(9) $(A \to \neg(\neg A \to B)) \to ((\neg A \to B) \to \neg A)$　定理 3.1.11

(10) $(A \to \neg(\neg A \to B)) \to \neg A$　(8)(9) 定理 3.1.7r_{mp}

(11) $((A \to \neg(\neg A \to B)) \to \neg A) \to (A \to \neg(A \to \neg(\neg A \to B)))$

定理 3.1.11

(12) $A \to \neg(A \to \neg(\neg A \to B))$　(10)(11)r_{mp}

定理 3.1.25 $\vdash A \lor (A \land B) \leftrightarrow A$

即证 $\vdash (\neg A \to \neg(A \to \neg B)) \leftrightarrow A$

先证 $\vdash A \to (\neg A \to \neg(A \to \neg B))$

(1) $\neg A \to (A \to \neg(A \to \neg B))$ 定理 3.1.3

(2) $A \to (\neg A \to \neg(A \to \neg B))$ (1) 定理 3.1.6r_{mp}

再证 $\vdash (\neg A \to \neg(A \to \neg B)) \to A$

(1) $(\neg A \to (A \to \neg B)) \to (((A \to \neg B) \to A) \to (\neg A \to A))$

定理 3.1.7

(2) $\neg A \to (A \to \neg B)$ 定理 3.1.3

(3) $((A \to \neg B) \to A) \to (\neg A \to A)$ (1)(2)r_{mp}

(4) $(\neg A \to A) \to A$ 定理 3.1.8

(5) $((A \to \neg B) \to A) \to A$ (3)(4) 定理 3.1.7r_{mp}

(6) $(\neg A \to \neg(A \to \neg B)) \to ((A \to \neg B) \to A)$ A3

(7) $(\neg A \to \neg(A \to \neg B)) \to A$ (5)(6) 定理 3.1.7r_{mp}

定理 3.1.26 $\vdash A \land (B \lor C) \leftrightarrow (A \land B) \lor (A \land C)$

即证 $\vdash \neg(A \to \neg(\neg B \to C)) \leftrightarrow (\neg\neg(A \to \neg B)$
$\to \neg(A \to \neg C))$

先证 $\vdash \neg(A \to \neg(\neg B \to C)) \to (\neg\neg(A \to \neg B)$
$\to \neg(A \to \neg C))$

(1) $(\neg B \to C) \to (\neg C \to B)$ 定理 3.1.13

(2) $\neg C \to ((\neg B \to C) \to B)$ (1) 定理 3.1.6r_{mp}

(3) $((\neg B \to C) \to B) \to (\neg B \to \neg(\neg B \to C))$ 定理3.1.12

(4) $\neg C \to (\neg B \to \neg(\neg B \to C))$ (2)(3) 定理3.1.7r_{mp}

(5) $A \to (\neg C \to (\neg B \to \neg(\neg B \to C)))$ (4) 定理3.1.2

(6) $(A \to \neg C) \to (A \to (\neg B \to \neg(\neg B \to C)))$ (5)A2r_{mp}

(7) $(A \to (\neg B \to \neg(\neg B \to C))) \to ((A \to \neg B) \to (A \to$

$\neg(\neg B \to C)))$　A2

(8) $(A \to \neg C) \to ((A \to \neg B) \to (A \to \neg(\neg B \to C)))$

(6)(7) 定理 3.1.7r_{mp}

(9) $((A \to \neg B) \to (A \to \neg(\neg B \to C)))$

$\to (\neg(A \to \neg(\neg B \to C)) \to \neg(A \to \neg B))$　定理3.1.12

(10) $(A \to \neg C) \to (\neg(A \to \neg(\neg B \to C)) \to \neg(A \to \neg B))$

(8)(9) 定理 3.1.7r_{mp}

(11) $\neg(A \to \neg(\neg B \to C)) \to ((A \to \neg C) \to \neg(A \to \neg B))$

(10) 定理3.1.6r_{mp}

(12) $((A \to \neg C) \to \neg(A \to \neg B)) \to (\neg\neg(A \to \neg B) \to \neg(A \to \neg C))$

定理 3.1.12

(13) $\neg(A \to \neg(\neg B \to C)) \to (\neg\neg(A \to \neg B) \to \neg(A \to \neg C))$

(11)(12) 定理 3.1.7r_{mp}

再证 $\vdash (\neg\neg(A \to \neg B) \to \neg(A \to \neg C))$

$\to \neg(A \to \neg(\neg B \to C))$

根据定理 3.1.14，如果能够证明 $A \to C$ 及 $B \to C$，那么由 r_{mp} 可得：$(\neg A \to B) \to C$。下面分两部分分别证明 $\neg(A \to \neg B) \to \neg(A \to \neg(\neg B \to C))$ 及 $\neg(A \to \neg C) \to \neg(A \to \neg(\neg B \to C))$，然后由定理 3.1.14 及分离规则 r_{mp} 即可知该定理成立。

第一部分证：$\neg(A \to \neg B) \to \neg(A \to \neg(\neg B \to C))$

(1) $\neg B \to (B \to C)$　定理 3.1.3

(2) $B \to (\neg B \to C)$　(1) 定理 3.1.6r_{mp}

(3) $(B \to (\neg B \to C)) \to (\neg(\neg B \to C) \to \neg B)$　定理3.1.12

(4) $\neg(\neg B \to C) \to \neg B$　(2)(3)r_{mp}

(5) $A \to (\neg(\neg B \to C) \to \neg B)$　(4) 定理 3.1.2

(6) $(A \to \neg(\neg B \to C)) \to (A \to \neg B)$　(5)A2r_{mp}

(7) $((A \to \neg(\neg B \to C)) \to (A \to \neg B))$

$\to (\neg(A \to \neg B) \to \neg(A \to \neg(\neg B \to C)))$ 定理3.1.12

(8) $\neg(A \to \neg B) \to \neg(A \to \neg(\neg B \to C))$ (6)(7)r_{mp}

第二部分证:$\neg(A \to \neg C) \to \neg(A \to \neg(\neg B \to C))$

(9) $C \to (\neg B \to C)$ A1

(10) $(C \to (\neg B \to C)) \to (\neg(\neg B \to C) \to \neg C)$ 定理3.1.12

(11) $\neg(\neg B \to C) \to \neg C$ (9)(10)r_{mp}

(12) $A \to (\neg(\neg B \to C) \to \neg C)$ (11) 定理 3.1.2

(13) $(A \to \neg(\neg B \to C)) \to (A \to \neg C)$ (12)A2r_{mp}

(14) $((A \to \neg(\neg B \to C)) \to (A \to \neg C))$

$\to (\neg(A \to \neg C) \to \neg(A \to \neg(\neg B \to C)))$ 定理 3.1.12

(15) $\neg(A \to \neg C) \to \neg(A \to \neg(\neg B \to C))$ (13)(14)r_{mp}

(16) $(\neg(A \to \neg B) \to \neg(A \to \neg C)) \to \neg(A \to \neg(\neg B \to C))$

(8)(15) 定理 3.1.14r_{mp}

定理 3.1.27 $\vdash A \vee (B \wedge C) \leftrightarrow (A \vee B) \wedge (A \vee C)$

即证 $\vdash (\neg A \to \neg(B \to \neg C)) \leftrightarrow \neg((\neg A \to B)$

$\to \neg(\neg A \to C))$

先证 $\vdash (\neg A \to \neg(B \to \neg C)) \to \neg((\neg A \to B)$

$\to \neg(\neg A \to C))$

同样考虑运用定理 3.1.14 分两部分来证明。

第一部分证:$A \to \neg((\neg A \to B) \to \neg(\neg A \to C))$

(1) $\neg A \to (A \to B)$ 定理 3.1.3

(2) $A \to (\neg A \to B)$ (1) 定理 3.1.6r_{mp}

(3) $(A \to (\neg A \to B)) \to (\neg(\neg A \to B) \to \neg A)$ 定理 3.1.12

(4) $\neg(\neg A \to B) \to \neg A$ (2)(3)r_{mp}

(5) $\neg A \to (A \to C)$ 定理 3.1.3

(6) $A \to (\neg A \to C)$　(5) 定理 3.1.6r_{mp}

(7) $(A \to (\neg A \to C)) \to (\neg(\neg A \to C) \to \neg A)$　定理 3.1.12

(8) $\neg(\neg A \to C) \to \neg A$　(6)(7)r_{mp}

(9) $((\neg A \to B) \to \neg(\neg A \to C)) \to \neg A$

(4)(8) 定理3.1.14r_{mp}

(10) $(((\neg A \to B) \to \neg(\neg A \to C)) \to \neg A)$

$\to (A \to \neg((\neg A \to B) \to \neg(\neg A \to C)))$ 定理 3.1.11

(11) $A \to \neg((\neg A \to B) \to \neg(\neg A \to C))$　(9)(10)r_{mp}

第二部分证:$\neg(B \to \neg C) \to \neg((\neg A \to B) \to \neg(\neg A \to C))$

只需证:$((\neg A \to B) \to \neg(\neg A \to C)) \to (B \to \neg C)$

(12) $(B \to (\neg A \to B)) \to (((\neg A \to B) \to \neg(\neg A \to C))$

$\to (B \to \neg(\neg A \to C)))$　定理 3.1.7

(13) $B \to (\neg A \to B)$　A1

(14) $((\neg A \to B) \to \neg(\neg A \to C)) \to (B \to \neg(\neg A \to C))$

(12)(13)r_{mp}

(15) $C \to (\neg A \to C)$　A1

(16) $(C \to (\neg A \to C)) \to (\neg(\neg A \to C) \to \neg C)$　定理3.1.12

(17) $\neg(\neg A \to C) \to \neg C$　(15)(16)r_{mp}

(18) $B \to (\neg(\neg A \to C) \to \neg C)$　(17) 定理 3.1.2

(19) $(B \to \neg(\neg A \to C)) \to (B \to \neg C)$　(18)A2r_{mp}

(20) $((\neg A \to B) \to \neg(\neg A \to C)) \to (B \to \neg C)$

(14)(19) 定理 3.1.7r_{mp}

(21) $(((\neg A \to B) \to \neg(\neg A \to C)) \to (B \to \neg C))$

$\to (\neg(B \to \neg C) \to \neg((\neg A \to B) \to \neg(\neg A \to C)))$

定理 3.1.12

(22) $\neg(B \to \neg C) \to \neg((\neg A \to B) \to \neg(\neg A \to C))$

(20)(21)r_{mp}

(23) $(\neg A \to \neg(B \to \neg C)) \to \neg((\neg A \to B) \to \neg(\neg A \to C))$

(11)(22) 定理 3.1.14r_{mp}

再证 $\vdash \neg((\neg A \to B) \to \neg(\neg A \to C))$

$\to (\neg A \to \neg(B \to \neg C))$

(1) $(\neg A \to C) \to (\neg C \to A)$　定理 3.1.13

(2) $\neg C \to ((\neg A \to C) \to A)$　(1) 定理 3.1.6r_{mp}

(3) $((\neg A \to C) \to A) \to (\neg A \to \neg(\neg A \to C))$　定理 3.1.12

(4) $\neg C \to (\neg A \to \neg(\neg A \to C))$　(2)(3) 定理 3.1.7r_{mp}

(5) $B \to (\neg C \to (\neg A \to \neg(\neg A \to C)))$　(4) 定理 3.1.2

(6) $(B \to \neg C) \to (B \to (\neg A \to \neg(\neg A \to C)))$　(5)A2r_{mp}

(7) $(B \to (\neg A \to \neg(\neg A \to C))) \to (\neg A \to (B \to \neg(\neg A \to C)))$

定理 3.1.6

(8) $(B \to \neg C) \to (\neg A \to (B \to \neg(\neg A \to C)))$

(6)(7) 定理 3.1.7r_{mp}

(9) $(\neg A \to (B \to \neg(\neg A \to C))) \to ((\neg A \to B) \to (\neg A \to$

$\neg(\neg A \to C)))$　A2

(10) $(B \to \neg C) \to ((\neg A \to B) \to (\neg A \to \neg(\neg A \to C)))$

(8)(9) 定理 3.1.7r_{mp}

(11) $((\neg A \to B) \to (\neg A \to \neg(\neg A \to C)))$

$\to (\neg A \to ((\neg A \to B) \to \neg(\neg A \to C)))$ 定理 3.1.6

(12) $(B \to \neg C) \to (\neg A \to ((\neg A \to B) \to \neg(\neg A \to C)))$

(10)(11) 定理 3.1.7r_{mp}

(13) $((B \to \neg C) \to (\neg A \to ((\neg A \to B) \to \neg(\neg A \to C))))$

$\to (\neg A \to ((B \to \neg C) \to ((\neg A \to B) \to \neg(\neg A \to C))))$

定理 3.1.6

(14) $\neg A \to ((B \to \neg C) \to ((\neg A \to B) \to \neg(\neg A \to C)))$
　　(12)(13)r_{mp}

(15) $((B \to \neg C) \to ((\neg A \to B) \to \neg(\neg A \to C)))$
　　$\to (\neg((\neg A \to B) \to \neg(\neg A \to C)) \to \neg(B \to \neg C))$
　　定理 3.1.12

(16) $\neg A \to (\neg((\neg A \to B) \to \neg(\neg A \to C)) \to \neg(B \to \neg C))$
　　(14)(15) 定理 3.1.7r_{mp}

(17) $\neg((\neg A \to B) \to \neg(\neg A \to C)) \to (\neg A \to \neg(B \to \neg C))$
　　(16) 定理 3.1.6r_{mp}

定理 3.1.28　演绎定理:对 PC 中任意公式集 Γ 和公式 A,B,有 $\Gamma \cup \{A\} \vdash B$(或简记为 $\Gamma;A \vdash B$) 当且仅当 $\Gamma \vdash A \to B$。

证明　充分性:由 $\Gamma \vdash A \to B$ 知从前提集 Γ 出发,在 PC 中能够得到公式 $A \to B$ 的一个演绎序列,即 $A_1, A_2, \cdots, A_n(=A \to B)$,则从前提集 $\Gamma \cup \{A\}$ 出发,可以得到如下的演绎序列:$A_1, A_2, \cdots, A_n(=A \to B)$;$A$,$B$,即第 $n+2$ 步的结论可由已知的第 n 步的结论$A \to B$ 加上第 $n+1$ 步的已知前提条件 A 通过 r_{mp} 所得,即 $\Gamma;A \vdash B$。

必要性:由 $\Gamma;A \vdash B$ 知从前提集 $\Gamma \cup \{A\}$ 出发,在 PC 中能够得到公式 B 的一个演绎序列,即 $B_1, B_2, \cdots, B_k(=B)$,下面通过对此演绎序列的长度 k 进行归纳假设来证明 $\Gamma \vdash A \to B$。

(1) 当 $k=1$ 时,根据演绎的定义知此时 B 或为公理,或者 $B \in \Gamma \cup \{A\}$。若 B 为公理,又 $B \to (A \to B)$ 为公理,则由 r_{mp} 知 $A \to B$ 为定理,当然有 $\Gamma \vdash A \to B$;若 $B \in \Gamma$,则从前提集 Γ 出发存在如下的演绎序列:

$$B(\text{前提}), B \to (A \to B)(\text{公理}), A \to B(r_{mp})$$

即 $\Gamma \vdash A \to B$;若 $B \in \{A\}$,即 $B=A$,则 $A \to B$ 即为 $A \to A$,而 $A \to A$ 为 PC 已证的定理,当然有 $\Gamma \vdash A \to A$。

(2) 假设当 $k < n$ 时,原命题成立,即对上述演绎序列中的公式 $B_i(i < n)$,均有 $\Gamma \vdash A \to B_i$。则当 $k = n$ 时,此时 $B_k = B_n = B$ 或为公理,或 $B \in \Gamma \cup \{A\}$,或由 $B_i, B_j(i,j < n)$ 通过 r_{mp} 所得。若此时 $B_k = B_n = B$ 为公理,或 $B \in \Gamma \cup \{A\}$,则讨论情况同(1);若 B 由 B_i,$B_j(i,j < n)$ 通过 r_{mp} 所得,则不妨设 $B_j = B_i \to B$,根据归纳假设有

$$\Gamma \vdash A \to B_i, \Gamma \vdash A \to B_j$$

即有 $$\Gamma \vdash A \to B_i, \Gamma \vdash A \to (B_i \to B)$$

又 $$(A \to (B_i \to B)) \to ((A \to B_i) \to (A \to B))$$

所以 $$\Gamma \vdash (A \to B_i) \to (A \to B)$$

从而 $\Gamma \vdash A \to B$。

例 3.1.1 利用演绎定理在 PC 中证明下列定理:

(1) $\vdash (A \to (B \to C)) \to ((C \to D) \to (A \to (B \to D)))$

(2) $\vdash ((A \to B) \to (A \to C)) \to (A \to (B \to C))$

(3) $\vdash (A \to C) \to ((B \to C) \to ((\neg A \to B) \to C))$

证(1) $\vdash (A \to (B \to C)) \to ((C \to D) \to (A \to (B \to D)))$

根据演绎定理只需证:

$$A \to (B \to C) \vdash (C \to D) \to (A \to (B \to D))$$

只需证:$A \to (B \to C), C \to D \vdash A \to (B \to D)$

只需证:$A \to (B \to C), C \to D, A \vdash B \to D$

只需证:$A \to (B \to C), C \to D, A, B \vdash D$

①A　　前提

②$A \to (B \to C)$　　前提

③$B \to C$　　①②r_{mp}

④B　　前提

⑤C　　③④r_{mp}

⑥$C \to D$　　前提

⑦D　　⑤⑥r_{mp}

证(2) $\vdash((A \to B) \to (A \to C)) \to (A \to (B \to C))$

根据演绎定理只需证:$(A \to B) \to (A \to C) \vdash A \to (B \to C)$

只需证:$(A \to B) \to (A \to C), A \vdash B \to C$

只需证:$(A \to B) \to (A \to C), A, B \vdash C$

①B　　前提

②$B \to (A \to B)$　　$A1$

③$A \to B$　　①②r_{mp}

④$(A \to B) \to (A \to C)$　　前提

⑤$A \to C$　　③④r_{mp}

⑥A　　前提

⑦C　　⑤⑥r_{mp}

证(3) $\vdash(A \to C) \to ((B \to C) \to ((\neg A \to B) \to C))$

根据演绎定理只需证:

$$A \to C \vdash (B \to C) \to ((\neg A \to B) \to C)$$

只需证:$A \to C, B \to C \vdash (\neg A \to B) \to C$

只需证:$A \to C, B \to C, \neg A \to B \vdash C$

①$\neg A \to B$　　前提

②$B \to C$　　前提

③$\neg A \to C$　　①② 定理 3.1.7

④$(\neg A \to C) \to (\neg C \to A)$　　定理 3.1.13

⑤$\neg C \to A$　　③④r_{mp}

⑥$A \to C$　　前提

⑦$\neg C \to C$　　⑤⑥ 定理 3.1.7

⑧$(\neg C \to C) \to C$　　定理 3.1.8

⑨C　　⑦⑧r_{mp}

通过上面的例子可以发现演绎定理通常会给我们的证明带来较大的方便，当然也可以尝试不用演绎定理完成上面的证明，然后对比一下二者的区别。

在上一章，我们从真值指派的角度讨论了什么是永真式，以及与永真式相关的原理如代入原理等，这些都属于语义研究的范畴，即通过对其中的命题变元赋予特定的真值含义来讨论它们的性质。本章从公理出发，通过基于分离规则的符号串变形规则来研究永真式，这是属于语构研究的范畴。而关于 PC 的语义与语构关系的研究，是有关 PC 的重要系统性质定理，下面将从三个方面来给出 PC 的性质定理，包括合理性、一致性、完备性。

3.1.3 PC 的性质定理

逻辑演算系统的合理性是指在该形式系统中推演出来的形式定理，都在实际上反映了某种逻辑规律，即确实是真命题，因此也称可靠性。关于 PC 的合理性由如下定理所表述。

定理 3.1.29 **PC 是合理的：**若 A 为 PC 的定理，即 $\vdash A$，则 A 永真。更一般地，若对任意的公式集 Γ 及公式 A，如果 $\Gamma \vdash A$，则 $\Gamma \Rightarrow A$。

证明 若 A 为 PC 的定理，根据定理的定义，则由公理的永真性及推理规则 r_{mp} 的保真性知 A 永真。下面证定理的后半部分。

设 $\Gamma \vdash A$ 的演绎序列为 $A_1, A_2, \cdots, A_m(=A)$，$\alpha$ 为弄真 Γ 中所有公式的任一指派，下面对演绎序列长度 m 进行归纳证明 $\alpha(A)=T$。

当 $m=1$ 时，$A_m=A$ 或为公理或为 Γ 中的成员，则 $\alpha(A)=T$。

假设当 $m<k$ 时，命题成立，则当 $m=k$ 时，$A_m=A$ 或为公理或为 Γ 中的成员或为 $A_l(l<k)$ 或为 $A_i, A_j(i,j<k)$ 通过分离规则 r_{mp} 所得。若 A_m 为公理或为 Γ 中的成员，则显然有 $\alpha(A)=T$；若 A_m 为

$A_l(l<k)$，则由归纳假设知 $\alpha(A)=T$；若 A_m 为 $A_i, A_j(i,j<k)$ 通过分离规则 r_{mp} 所得，不妨设 $A_j=A_i\to A_m$，由归纳假设知 $\alpha(A_i)=T$，$\alpha(A_j)=\alpha(A_i\to A_m)=T$，从而 $\alpha(A_m)=T$ 即 $\alpha(A)=T$，因此 $\Gamma\Rightarrow A$。

PC 的合理性定理说明：在反映命题逻辑范围内的推理规律方面，PC 是可靠的，其推理的定理都是重言式。而一个命题如果是在 PC 中从一定的前提推演出来的，那么它一定是这些前提的逻辑推论，也就是从为真的前提一定得出为真的结论。

合理性定理同时也表明了 PC 是一致的，即在 PC 中不可能推出相互矛盾的结论来。一致性是形式系统，也是逻辑演算系统所要关心的一个基本要求。如果一个形式系统是不一致的，那么在该系统中就会推出相互矛盾的结论来，从而导致该系统是毫无意义的。下面给出有关 PC 的一致性定理。

定理 3.1.30　PC **是一致性的**：PC 中不存在公式 A 与 $\neg A$ 均为 PC 的定理，即不存在公式 A 使得 $\vdash A$ 及 $\vdash\neg A$ 同时成立。

证明　若存在公式 A 使得 $\vdash A$ 及 $\vdash\neg A$ 同时成立，则由定理 3.1.29 知：A 及 $\neg A$ 均永真，这是不可能的。

注意，这里说在 PC 中不存在公式 A 使得 $\vdash A$ 及 $\vdash\neg A$ 同时成立，并不意味着对任一公式 A，$\vdash A$ 与 $\vdash\neg A$ 至少有一个是成立的。由此给出一个相关的定义如下。

定义 3.1.1　**完全的**：一个系统 Φ 是完全的，当且仅当该系统中的任一公式 A，或者 $\Phi\vdash A$，或者 $\Phi\vdash\neg A$。

定理 3.1.31　PC **不是完全的**：即在 PC 中存在公式 A 使得 $\vdash A$ 及 $\vdash\neg A$ 均不成立。

例 3.1.2　设公式 $A=p\to q$，其中 p,q 为原子变元符，显然 $\vdash p\to q$ 及 $\vdash\neg(p\to q)$ 均不成立，因为 $A=p\to q$ 是一个非永真也非永假的公式。

从 PC 的合理性定理可以看出，在 PC 中一个语法角度的形式逻辑推理对应着一个语义角度的逻辑蕴涵，那么反过来，在 PC 中一个语义上的逻辑蕴涵是否一定也对应着系统中的一个形式化的逻辑推理？这就是所谓的形式化系统的完备性问题。如果一个逻辑系统是完备的，那么该系统就要把所有成立的逻辑蕴涵关系均反映出来，并包括在内，因此称为完备性。下面在给出 PC 的完备性定理之前，先给出几个相关定义和基本引理。

定义 3.1.2 PC **的理论：**称下列集合为 PC 的理论，即

$$Th(\mathrm{PC})=\{A \mid \vdash_{\mathrm{PC}} A\}$$

称下列集合为 PC 的基于前提 Γ 的扩充，即

$$Th(\mathrm{PC}\cup\Gamma)=\{A \mid \Gamma\vdash_{\mathrm{PC}} A\}$$

对于PC的基于前提Γ的扩充，通常情况下考虑的是前提Γ是一致的扩充。如果前提 Γ 是一致的，那么 $Th(\mathrm{PC}\cup\Gamma)$ 显然是一致的。而若 Γ 不一致，即存在公式 B，使得 $\Gamma\vdash\neg B$ 且 $\Gamma\vdash B$，对于任意的公式 A，由 $\neg B\to(B\to A)$ 为定理知 $\Gamma\vdash A$，从而 $Th(\mathrm{PC}\cup\Gamma)$ 是完全的。

引理 3.1.1 设 PC 的公式集 Γ 是一致的，且 $\Gamma\nvdash A$，则 $\Gamma\cup\{\neg A\}$ 也是一致的。

证明 若$\Gamma\cup\{\neg A\}$不一致，则存在公式B，使得$\Gamma;\neg A\vdash B$且$\Gamma;\neg A\vdash\neg B$，又 $\neg B\to(B\to A)$ 为 PC 的定理，所以 $\Gamma;\neg A\vdash A$，由演绎定理得 $\Gamma\vdash\neg A\to A$，又$(\neg A\to A)\to A$ 为 PC 的定理，从而 $\Gamma\vdash A$，矛盾。

引理 3.1.2 若Γ是PC的一致的公式集，则存在公式集Δ，使得$\Gamma\subseteq\Delta$，Δ 是一致的且完全的。

证明 设公式序列 $A_0, A_1, \cdots, A_n, \cdots$ 为 PC 的所有公式的枚举。构造公式集序列如下：

$$\Delta_0 = \Gamma$$

$$\Delta_1 = \begin{cases} \Delta_0 \cup \{A_0\} & \Delta_0 \vdash A_0 \\ \Delta_0 \cup \{\neg A_0\} & \Delta_0 \nvdash A_0 \end{cases}$$

$\vdots$

$$\Delta_{n+1} = \begin{cases} \Delta_n \cup \{A_n\} & \Delta_n \vdash A_n \\ \Delta_n \cup \{\neg A_n\} & \Delta_n \nvdash A_n \end{cases}$$

令 $\Delta = \bigcup_{n=0}^{\infty} \Delta_n$，则公式集 Δ_n 及 Δ 有如下性质：

(1) $\Gamma \subseteq \Delta, \Delta_n \subseteq \Delta_{n+1}$。

显然。

(2) Δ_n 是一致的。

证　用归纳法证之。

当 $n=0$ 时，$\Delta_0 = \Gamma$，显然是一致的；

当 $n=1$ 时，若 $\Delta_1 = \Delta_0 \cup \{A_0\}$，此时 $\Delta_0 \vdash A_0$，而 $\Delta_0 = \Gamma$ 是一致的，则此时 Δ_1 为 Δ_0 的一致扩充，由定义 3.1.2 知 Δ_1 为一致的；若 $\Delta_1 = \Delta_0 \cup \{\neg A_0\}$，此时 $\Delta_0 \nvdash A_0$，而 $\Delta_0 = \Gamma$ 是一致的，则由引理 3.1.1 知 Δ_1 为一致的。

假设当 $n=k$ 时，Δ_k 是一致的。则当 $n=k+1$ 时，若 $\Delta_{k+1} = \Delta_k \cup \{A_k\}$，此时 $\Delta_k \vdash A_k$，由归纳假设知 Δ_k 是一致的，则此时 Δ_{k+1} 为 Δ_k 的一致扩充，由定义 3.1.2 知 Δ_{k+1} 为一致的；若 $\Delta_{k+1} = \Delta_k \cup \{\neg A_k\}$，此时 $\Delta_k \nvdash A_k$，则由引理 3.1.1 知 Δ_{k+1} 为一致的。

(3) Δ 是完全的。

证　由 Δ 的构造知，对 PC 中任一公式 A，要么 $A \in \Delta$，要么 $\neg A \in \Delta$，二者必取一，即对任一公式 A，要么 $\Delta \vdash A$，要么 $\Delta \vdash \neg A$，故 Δ 是完全的。

(4) 对 PC 的公式 A，若 $\Delta \vdash A$，则存在充分大的正整数 k 使得

$\Delta_k \vdash A$。

证 由$\Delta \vdash A$知存在证明序列$B_0, B_1, \cdots, B_m (=A)$，其中$B_i (i=1, \cdots, m-1)$或为PC的公理，或为$\Delta$中的成员，或为$B_j (j<i)$，或为$B_j, B_k (j, k<i)$使用$r_{mp}$导出的，而$B_m$即为公式$A$。记$\Delta'=\{B_0, B_1, \cdots, B_m\} \cap \Delta=\{C_0, C_1, \cdots, C_r\}, 0 \leqslant r \leqslant m$，则有$\Delta' \vdash A$，又由$C_j \in \Delta (j=0, 1, \cdots, r)$知存在整数$n_0, n_1, \cdots, n_r$使得

$$C_j \in \Delta_{n_j} (j=0, 1, \cdots, r)$$

取$k=\max(n_0, n_1, \cdots, n_r)$，则由$\Delta_n$的构造知$\Delta_{n_j} \subseteq \Delta_k$，所以$C_j \in \Delta_k$，则$\Delta' \subseteq \Delta_k$，从而$\Delta_k \vdash A$。

(5) Δ是一致的。

证 若Δ不一致，则存在公式A_i，使得$\Delta \vdash A_i$及$\Delta \vdash \neg A_i$，由$\Delta \vdash A_i$及性质(4)则存在充分大的正整数n_1使得$\Delta_{n_1} \vdash A$，同理由$\Delta \vdash \neg A_i$，则存在充分大的正整数n_2使得$\Delta_{n_2} \vdash \neg A$，取$k=\max(n_1, n_2)$，由$\Delta_n$的构造知$\Delta_{n_1} \subseteq \Delta_k, \Delta_{n_2} \subseteq \Delta_k$，从而$\Delta_k \vdash A, \Delta_k \vdash \neg A$，则$\Delta_k$不一致，与$\Delta_n$是一致的矛盾。

引理 3.1.3 对PC中任一公式A，$A \in \Delta$，当且仅当$\Delta \vdash A$。

证明

$\Rightarrow$:若$A \in \Delta$，则由演绎的定义知$\Delta \vdash A$。

$\Leftarrow$:若$\Delta \vdash A$，则由Δ的一致性知$\neg A \notin \Delta$，又由Δ的构造知$\neg A \notin \Delta$当且仅当$A \in \Delta$。

引理 3.1.4 设Γ是PC的一致的公式集，则存在一个指派α，使得Γ中每一个公式A，有$\alpha(A)=T$。

证明 定义指派α如下：

$$\alpha(p)=\begin{cases} T & \text{当且仅当 } p \in \Delta \\ F & \text{否则}(p \notin \Delta) \end{cases}，\text{其中 } p \text{ 为原子变元符。}$$

下面证对任一公式A，$\alpha(A)=T$当且仅当$A \in \Delta$。

对公式 A 中联结词个数 k（仅考虑由完备集 $\{\neg, \rightarrow\}$ 组成的公式）进行归纳证明：

（1）当 $k=0$ 时，此时 A 为原子命题公式，则显然成立。当 $k=1$ 时，此时 $A=\neg p$ 或 $A=p\rightarrow q$，其中 p,q 为原子变元符。

若 $A=\neg p$，则有

$\alpha(A)=\alpha(\neg p)=T\Leftrightarrow\alpha(p)=F\Leftrightarrow p\notin\Delta\Leftrightarrow\neg p\in\Delta$，即 $A\in\Delta$。

若 $A=p\rightarrow q$，则有

$\alpha(A)=\alpha(p\rightarrow q)=T\Leftrightarrow\alpha(p)=F$ 或 $\alpha(q)=T\Leftrightarrow p\notin\Delta$ 或 $q\in\Delta$ $\Leftrightarrow\neg p\in\Delta$ 或 $q\in\Delta$。

下面证 $\neg p\in\Delta$ 或 $q\in\Delta\Leftrightarrow p\rightarrow q\in\Delta$。

①$\Rightarrow$：先证若 $\neg p\in\Delta$ 或 $q\in\Delta$，则有 $p\rightarrow q\in\Delta$。

若 $\neg p\in\Delta$，则由引理 3.1.3 知 $\Delta\vdash\neg p$，又 $\neg p\rightarrow(p\rightarrow q)$ 为定理，所以 $\Delta\vdash p\rightarrow q$，从而 $p\rightarrow q\in\Delta$；

若 $q\in\Delta$，则由引理 3.1.3 知 $\Delta\vdash q$，又 $q\rightarrow(p\rightarrow q)$ 为公理，所以 $\Delta\vdash p\rightarrow q$，从而 $p\rightarrow q\in\Delta$。

②$\Leftarrow$：再证若 $p\rightarrow q\in\Delta$，则有 $\neg p\in\Delta$ 或 $q\in\Delta$。

假设不成立，则有 $\neg p\notin\Delta$ 且 $q\notin\Delta$，即 $p\in\Delta$ 且 $\neg q\in\Delta$，由引理 3.1.3 知 $\Delta\vdash p$ 且 $\Delta\vdash\neg q$，又 $p\rightarrow q\in\Delta$，则 $\Delta\vdash p\rightarrow q$，从而 $\Delta\vdash q$，与 $\Delta\vdash\neg q$ 矛盾。

由 ①② 知 $\neg p\in\Delta$ 或 $q\in\Delta\Leftrightarrow p\rightarrow q\in\Delta$ 即 $A\in\Delta$

（2）假设当 $k=n$ 时，原命题成立。则当 $k=n+1$ 时，此时若 $A=\neg B$，其中对公式 B 根据归纳假设有 $\alpha(B)=T\Leftrightarrow B\in\Delta$，则

$\alpha(A)=\alpha(\neg B)=T\Leftrightarrow\alpha(B)=F\Leftrightarrow B\notin\Delta\Leftrightarrow\neg B\in\Delta$，即 $A\in\Delta$。

此时若 $A=B\rightarrow C$，其中对公式 B,C 根据归纳假设有

$$\alpha(B)=T\Leftrightarrow B\in\Delta,\alpha(C)=T\Leftrightarrow C\in\Delta$$

则 $\alpha(A)=\alpha(B\rightarrow C)=T\Leftrightarrow\alpha(B)=F$ 或 $\alpha(C)=T\Leftrightarrow B\notin\Delta$ 或

$C \in \Delta \Leftrightarrow \neg B \in \Delta$ 或 $C \in \Delta$。

下面证 $\neg B \in \Delta$ 或 $C \in \Delta \Leftrightarrow B \to C \in \Delta$。

①⇒:先证若 $\neg B \in \Delta$ 或 $C \in \Delta$,则有 $B \to C \in \Delta$。

若 $\neg B \in \Delta$,则由引理 3.1.3 知 $\Delta \vdash \neg B$,又 $\neg B \to (B \to C)$ 为定理,所以 $\Delta \vdash B \to C$,从而 $B \to C \in \Delta$;

若 $C \in \Delta$,则由引理 3.1.3 知 $\vdash C$,又 $C \to (B \to C)$ 为定理,所以 $\vdash B \to C$,从而 $B \to C \in \Delta$。

②⇐:再证若 $B \to C \in \Delta$,则有 $\neg B \in \Delta$ 或 $C \in \Delta$。

假设不成立,则有 $\neg B \notin \Delta$ 且 $C \notin \Delta$,即 $B \in \Delta$ 且 $\neg C \in \Delta$,由引理 3.1.3 知 $\Delta \vdash B$ 且 $\Delta \vdash \neg C$,又 $B \to C \in \Delta$,则 $\Delta \vdash B \to C$,从而 $\Delta \vdash C$,与 $\Delta \vdash \neg C$ 矛盾。

由 ①② 知 $\neg B \in \Delta$ 或 $C \in \Delta \Leftrightarrow B \to C \in \Delta$,即 $A \in \Delta$。

综上,“对任一公式 A,$\alpha(A) = T$ 当且仅当 $A \in \Delta$”成立。又 $\Gamma \subseteq \Delta$,则对 Γ 中每一个公式 A,均有 $A \in \Delta$,从而 $\alpha(A) = T$。

从引理 3.1.4 可以得出这样一个事实:对 PC 的公式集 Γ,若 Γ 是一致的,则 Γ 是可满足的,即由公式集的一致性可推出其可满足性。

定理 3.1.32 PC **是完备的**:对 PC 中任一永真式 A,必为 PC 的定理,即有 $\vdash_{PC} A$。一般地,对 PC 的公式集 Γ,若 $\Gamma \Rightarrow A$ 则 $\Gamma \vdash_{PC} A$。

证明 只需证明后者即可,前者可以看作 $\Gamma = \emptyset$。

(1) 若公式集 Γ 不一致,此时显然有 $\Gamma \vdash_{PC} A$;

(2) 设公式集 Γ 是一致的,此时若 $\Gamma \nvdash_{PC} A$,则由引理 3.1.1 知 $\Gamma \cup \{\neg A\}$ 一致,根据引理 3.1.4 知 $\Gamma \cup \{\neg A\}$ 是可满足的,即存在指派 α 使得 $\Gamma \cup \{\neg A\}$ 中的每个公式均为真,即 α 使得 Γ 中的每个公式均为真且有 $\alpha(\neg A) = T$,又由 $\Gamma \Rightarrow A$ 知任意使得 Γ 中的每个公式均为真的指派一定使得公式 A 为真,从而 $\alpha(A) = T$,与 $\alpha(\neg A) = T$ 矛盾。

3.2　自然演绎推理系统

与 PC 不同，自然演绎推理系统(ND) 是基于多规则少公理的推理系统，它采用了 5 个逻辑联结词 $\neg$，$\wedge$，$\vee$，$\rightarrow$，$\leftrightarrow$，与此对应的推理规则较命题演算系统更接近人的思维，在反映演绎推理方面比命题逻辑演算更直接，比较符合人的逻辑推理思维习惯，因此称为自然推理。它与 PC 相比是一个更加实用的逻辑推理系统。

3.2.1　自然演绎推理系统组成

与 PC 系统的语言部分相似，ND 系统只是将联结词由完备集 $\{\neg, \rightarrow\}$ 扩充到$\neg$，$\wedge$，$\vee$，$\rightarrow$，$\leftrightarrow$，下面我们重点介绍 ND 的推理部分，即 ND 的公理、推理规则及定理的推导。

1. 公理

ND 仅采用一个公理模式：$\Gamma; A \vdash A$。

其中 Γ 为公式集，即在逻辑推理中常说的前提集。Γ 也可以为空集，此时该公理模式即为：$A \vdash A$。

该公理模式所反映的逻辑现象相当于在逻辑推理中常用的肯定前提规则。

2. 推理规则

ND 的推理规则主要围绕 5 个联结词展开，共 14 个推理规则。

(1) 假设引入规则

$$\frac{\Gamma \vdash B}{\Gamma; A \vdash B}$$

它源于重言式 $B \rightarrow (A \rightarrow B)$。

（2）假设消除规则

$$\frac{\Gamma;A\vdash B;\Gamma;\neg A\vdash B}{\Gamma\vdash B}$$

该规则反映了人在推理中常用的模式：分别假设 A 及 $\neg A$ 后均能导出 B，则 B 可不依赖假设 A 或 $\neg A$ 就能推出。

（3）$\vee$ 引入规则

$$\frac{\Gamma\vdash A}{\Gamma\vdash A\vee B},\frac{\Gamma\vdash A}{\Gamma\vdash B\vee A}$$

它们源于重言式 $A\rightarrow A\vee B$ 和 $A\rightarrow B\vee A$。

（4）$\vee$ 消除规则

$$\frac{\Gamma;A\vdash C,\Gamma;B\vdash C,\Gamma\vdash A\vee B}{\Gamma\vdash C}$$

它源于重言式$(A\rightarrow C)\wedge(B\rightarrow C)\wedge(A\vee B)\rightarrow C$，反映了数学推理中分别进行证明的思想。另外，如果接受 $\Gamma\vdash A\vee\neg A$，那么假设消除规则可看作本规则的一个特例。

（5）$\wedge$ 引入规则

$$\frac{\Gamma\vdash A,\Gamma\vdash B}{\Gamma\vdash A\wedge B}$$

它源于重言式 $A\rightarrow B\rightarrow(A\wedge B)$。

（6）$\wedge$ 消除规则

$$\frac{\Gamma\vdash A\wedge B}{\Gamma\vdash A},\frac{\Gamma\vdash A\wedge B}{\Gamma\vdash B}$$

它源于重言式 $A\wedge B\rightarrow A$ 和 $A\wedge B\rightarrow B$。

（7）$\rightarrow$ 引入规则

$$\frac{\Gamma;A\vdash B}{\Gamma\vdash A\rightarrow B}$$

即 PC 中的演绎定理。

（8）$\rightarrow$ 消除规则

$$\frac{\Gamma \vdash A, \Gamma \vdash A \rightarrow B}{\Gamma \vdash B}$$

即 PC 中的分离规则。

(9) $\neg$ 引入规则

$$\frac{\Gamma; A \vdash B, \Gamma; A \vdash \neg B}{\Gamma \vdash \neg A}$$

即常用的反证法。

(10) $\neg$ 消除规则

$$\frac{\Gamma \vdash A, \Gamma \vdash \neg A}{\Gamma \vdash B}$$

它源于重言式 $\neg A \rightarrow (A \rightarrow B)$。

(11) $\neg\neg$ 引入规则

$$\frac{\Gamma \vdash A}{\Gamma \vdash \neg\neg A}$$

(12) $\neg\neg$ 消除规则

$$\frac{\Gamma \vdash \neg\neg A}{\Gamma \vdash A}$$

规则(11) 与(12) 源于重言式 $A \leftrightarrow \neg\neg A$。

(13) $\leftrightarrow$ 引入规则

$$\frac{\Gamma \vdash A \rightarrow B, \Gamma \vdash B \rightarrow A}{\Gamma \vdash A \leftrightarrow B}$$

(14) $\leftrightarrow$ 消除规则

$$\frac{\Gamma \vdash A \leftrightarrow B}{\Gamma \vdash A \rightarrow B}, \frac{\Gamma \vdash A \leftrightarrow B}{\Gamma \vdash B \rightarrow A}$$

规则(13) 与(14) 源于重言式 $(A \leftrightarrow B) \leftrightarrow (A \rightarrow B) \wedge (B \rightarrow A)$。

从上面可以看出，ND 中的规则及其直观逻辑含义都比较明显，这给逻辑推理带来了很大的方便。

3.2.2 自然演绎推理系统的基本定理

在给出ND中的常用基本定理的推导前，先给出几个相关的基本定义。

定义3.2.1　演绎：在ND中，若有$\Gamma \vdash_{ND} A$(以下省去ND)，即存在序列：

$\Gamma_1 \vdash A_1, \Gamma_2 \vdash A_2, \cdots, \Gamma_m \vdash A_m$(即$\Gamma \vdash A$)

使得$\Gamma_i \vdash A_i (i=1,\cdots,m-1)$或为ND的公理，或为$\Gamma_j \vdash A_j (j<i)$，或为$\Gamma_{j_1} \vdash A_{j_1},\cdots,\Gamma_{j_k} \vdash A_{j_k} (j_1,\cdots,j_k<i)$使用推理规则导出的。

若$\Gamma=\varnothing$，此时$\Gamma \vdash A$即为$\vdash A$，则称A为ND的定理。

定理3.2.1　对ND中任一公式A有$\vdash_{ND} A \vee \neg A$。

由于此处前提集$\Gamma=\varnothing$，即证$A \vee \neg A$为ND的定理。

在以下的证明及推理结论中，如果不做特殊声明均表示是在ND中的推理。

证明

(1) $A \vdash A$　公理

(2) $A \vdash A \vee \neg A$　$\vee$引入

(3) $\neg A \vdash \neg A$　公理

(4) $\neg A \vdash A \vee \neg A$　$\vee$引入

(5) $\vdash A \vee \neg A$　(2)(4)假设消除规则

定理3.2.2　$\vdash \neg(A \vee B) \leftrightarrow \neg A \wedge \neg B$

证明

根据$\leftrightarrow$的引入规则只需证

$\vdash \neg(A \vee B) \rightarrow \neg A \wedge \neg B$及$\vdash \neg A \wedge \neg B \rightarrow \neg(A \vee B)$

先证$\vdash \neg(A \vee B) \rightarrow \neg A \wedge \neg B$

根据$\rightarrow$的引入规则只需证$\neg(A \vee B) \vdash \neg A \wedge \neg B$

又根据 $\wedge$ 的引入规则只需证

$$\neg(A \vee B) \vdash \neg A \text{ 及 } \neg(A \vee B) \vdash \neg B$$

(1) $\neg(A \vee B); A \vdash A$　公理

(2) $\neg(A \vee B); A \vdash A \vee B$　(1) $\vee$ 引入

(3) $\neg(A \vee B); A \vdash \neg(A \vee B)$　公理

(4) $\neg(A \vee B) \vdash \neg A$　(2)(3)$\neg$ 引入

(5) $\neg(A \vee B); B \vdash B$　公理

(6) $\neg(A \vee B); B \vdash A \vee B$　(5) $\vee$ 引入

(7) $\neg(A \vee B); B \vdash \neg(A \vee B)$　公理

(8) $\neg(A \vee B) \vdash \neg B$　(6)(7)$\neg$ 引入

(9) $\neg(A \vee B) \vdash \neg A \wedge \neg B$　(4)(8) $\wedge$ 的引入

再证 $\vdash \neg A \wedge \neg B \to \neg(A \vee B)$

根据 $\to$ 的引入规则只需证 $\neg A \wedge \neg B \vdash \neg(A \vee B)$

(1) $\neg A \wedge \neg B, A \vee B; A \vdash A$　公理

(2) $\neg A \wedge \neg B, A \vee B; A \vdash \neg A \wedge \neg B$　公理

(3) $\neg A \wedge \neg B, A \vee B; A \vdash \neg A$　(2) $\wedge$ 消除

(4) $\neg A \wedge \neg B, A \vee B; A \vdash A \wedge \neg A$　(1)(3) $\wedge$ 引入

(5) $\neg A \wedge \neg B, A \vee B; B \vdash B$　公理

(6) $\neg A \wedge \neg B, A \vee B; B \vdash \neg A \wedge \neg B$　公理

(7) $\neg A \wedge \neg B, A \vee B; B \vdash \neg B$　(6) $\wedge$ 消除

(8) $\neg A \wedge \neg B, A \vee B; B \vdash A \wedge \neg A$　(5)(7)$\neg$ 消除

(9) $\neg A \wedge \neg B, A \vee B \vdash A \vee B$　公理

(10) $\neg A \wedge \neg B, A \vee B \vdash A \wedge \neg A$　(4)(8)(9) $\vee$ 消除

(11) $\neg A \wedge \neg B, A \vee B \vdash A$　(10) $\wedge$ 消除

(12) $\neg A \wedge \neg B, A \vee B \vdash \neg A$　(10) $\wedge$ 消除

(13) $\neg A \wedge \neg B \vdash \neg(A \vee B)$　(11)(12)$\neg$ 引入

定理 3.2.3 $\vdash \neg(A \wedge B) \leftrightarrow \neg A \vee \neg B$

证明

根据$\leftrightarrow$的引入规则只需证 $\vdash \neg(A \wedge B) \to \neg A \vee \neg B$ 及 $\vdash \neg A \vee \neg B \to \neg(A \wedge B)$

先证 $\vdash \neg(A \wedge B) \to \neg A \vee \neg B$

根据$\to$的引入规则只需证 $\neg(A \wedge B) \vdash \neg A \vee \neg B$

(1) $\neg(A \wedge B); \neg A \vdash \neg A$　公理

(2) $\neg(A \wedge B); \neg A \vdash \neg A \vee \neg B$　(1) 引入

(3) $\neg(A \wedge B); A; B \vdash A$　公理

(4) $\neg(A \wedge B); A; B \vdash B$　公理

(5) $\neg(A \wedge B); A; B \vdash A \wedge B$　(3)(4) $\wedge$ 引入

(6) $\neg(A \wedge B); A; B \vdash \neg(A \wedge B)$　公理

(7) $\neg(A \wedge B); A \vdash \neg B$　(5)(6)$\neg$ 引入

(8) $\neg(A \wedge B); A \vdash \neg A \vee \neg B$　(7) $\vee$ 引入

(9) $\neg(A \wedge B) \vdash \neg A \vee \neg B$　(2)(8) 假设消除

再证 $\vdash \neg A \vee \neg B \to \neg(A \wedge B)$

根据$\to$的引入规则只需证 $\neg A \vee \neg B \vdash \neg(A \wedge B)$

(1) $\neg A \vee \neg B, A \wedge B; \neg A \vdash \neg A$　公理

(2) $\neg A \vee \neg B, A \wedge B; \neg A \vdash A \wedge B$　公理

(3) $\neg A \vee \neg B, A \wedge B; \neg A \vdash A$　(2) $\wedge$ 消除

(4) $\neg A \vee \neg B, A \wedge B; \neg A \vdash A \wedge \neg A$　(1)(3) $\wedge$ 引入

(5) $\neg A \vee \neg B, A \wedge B; \neg B \vdash \neg B$　公理

(6) $\neg A \vee \neg B, A \wedge B; \neg B \vdash B$　(2) $\wedge$ 消除

(7) $\neg A \vee \neg B, A \wedge B; \neg B \vdash A \wedge \neg A$　(5)(6)$\neg$ 消除

(8) $\neg A \vee \neg B, A \wedge B \vdash \neg A \vee \neg B$　公理

(9) $\neg A \vee \neg B, A \wedge B \vdash A \wedge \neg A$　(4)(7)(8) $\vee$ 消除

(10) $\neg A \vee \neg B, A \wedge B \vdash A$　(9) $\wedge$ 消除

(11) $\neg A \vee \neg B, A \wedge B \vdash \neg A$　(9) $\wedge$ 消除

(12) $\neg A \vee \neg B \vdash \neg(A \wedge B)$　(10)(11) $\neg$ 引入

定理 3.2.4　$\neg A \rightarrow B \dashv\vdash A \vee B$

证明

即证 ND 中的演绎等价，只需证 $\neg A \rightarrow B \vdash A \vee B$ 及 $A \vee B \vdash \neg A \rightarrow B$

证明

先证 $\neg A \rightarrow B \vdash A \vee B$

(1) $\neg A \rightarrow B; A \vdash A$　公理

(2) $\neg A \rightarrow B; A \vdash A \vee B$　(1) $\vee$ 引入

(3) $\neg A \rightarrow B; \neg A \vdash \neg A$　公理

(4) $\neg A \rightarrow B; \neg A \vdash \neg A \rightarrow B$　公理

(5) $\neg A \rightarrow B; \neg A \vdash B$　(3)(4) $\rightarrow$ 消除

(6) $\neg A \rightarrow B; \neg A \vdash A \vee B$　(5) $\vee$ 引入

(7) $\neg A \rightarrow B \vdash A \vee B$　(2)(6) 假设消除

再证 $A \vee B \vdash \neg A \rightarrow B$

(1) $A \vee B; \neg A; A \vdash \neg A$　公理

(2) $A \vee B; \neg A; A \vdash A$　公理

(3) $A \vee B; \neg A; A \vdash B$　(1)(2) $\neg$ 消除

(4) $A \vee B; \neg A; B \vdash B$　公理

(5) $A \vee B; \neg A \vdash A \vee B$　公理

(6) $A \vee B; \neg A \vdash B$　(2)(4)(5) $\vee$ 消除

(7) $A \vee B \vdash \neg A \rightarrow B$　(6) $\rightarrow$ 引入

定理 3.2.5　$A \rightarrow B \dashv\vdash \neg A \vee B$

证明

先证 $A \to B \vdash \neg A \lor B$

(1) $A \to B; A \vdash A$ 公理

(2) $A \to B; A \vdash A \to B$ 公理

(3) $A \to B; A \vdash B$ (1)(2) $\to$ 消除

(4) $A \to B; A \vdash \neg A \lor B$ (3) $\lor$ 引入

(5) $A \to B; \neg A \vdash \neg A$ 公理

(6) $A \to B; \neg A \vdash \neg A \lor B$ (5) $\lor$ 引入

(7) $A \to B \vdash \neg A \lor B$ (4)(6) 假设消除

再证 $\neg A \lor B \vdash A \to B$

(1) $\neg A \lor B; A; \neg A \vdash \neg A$ 公理

(2) $\neg A \lor B; A; \neg A \vdash A$ 公理

(3) $\neg A \lor B; A; \neg A \vdash B$ (1)(2) $\neg$ 消除

(4) $\neg A \lor B; A; B \vdash B$ 公理

(5) $\neg A \lor B; A \vdash \neg A \lor B$ 公理

(6) $\neg A \lor B; A \vdash B$ (3)(4)(5) $\lor$ 消除

(7) $\neg A \lor B \vdash A \to B$ (6) $\to$ 引入

定理 3.2.6 $\vdash (A \land (B \lor C)) \leftrightarrow ((A \land B) \lor (A \land C))$

证明

先证 $\vdash (A \land (B \lor C)) \to ((A \land B) \lor (A \land C))$

根据 $\to$ 的引入规则只需证 $A \land (B \lor C) \vdash (A \land B) \lor (A \land C)$

(1) $A \land (B \lor C); B \vdash A \land (B \lor C)$ 公理

(2) $A \land (B \lor C); B \vdash A$ (1) $\land$ 消除

(3) $A \land (B \lor C); B \vdash B$ 公理

(4) $A \land (B \lor C); B \vdash A \land B$ (2)(3) $\land$ 引入

(5) $A \land (B \lor C); B \vdash (A \land B) \lor (A \land C)$ (4) $\lor$ 引入

(6) $A \land (B \lor C); C \vdash A \land (B \lor C)$ 公理

(7) $A \wedge (B \vee C);C \vdash A$　(6) $\wedge$ 消除

(8) $A \wedge (B \vee C);C \vdash C$　公理

(9) $A \wedge (B \vee C);C \vdash A \wedge C$　(7)(8) $\wedge$ 引入

(10) $A \wedge (B \vee C);C \vdash (A \wedge B) \vee (A \wedge C)$　(9) $\vee$ 引入

(11) $A \wedge (B \vee C) \vdash A \wedge (B \vee C)$ 公理

(12) $A \wedge (B \vee C) \vdash B \vee C$　(12) $\wedge$ 消除

(13) $A \wedge (B \vee C) \vdash (A \wedge B) \vee (A \wedge C)$

　　(5)(10)(12) $\vee$ 消除

再证 $\vdash ((A \wedge B) \vee (A \wedge C)) \to (A \wedge (B \vee C))$

只需证 $(A \wedge B) \vee (A \wedge C) \vdash A \wedge (B \vee C)$

只需证 $(A \wedge B) \vee (A \wedge C) \vdash A$ 及 $(A \wedge B) \vee (A \wedge C) \vdash B \vee C$

证 $(A \wedge B) \vee (A \wedge C) \vdash A$

(1) $(A \wedge B) \vee (A \wedge C);A \wedge B \vdash A \wedge B$　公理

(2) $(A \wedge B) \vee (A \wedge C);A \wedge B \vdash A$　(1) $\wedge$ 消除

(3) $(A \wedge B) \vee (A \wedge C);A \wedge C \vdash A \wedge C$　公理

(4) $(A \wedge B) \vee (A \wedge C);A \wedge C \vdash A$　(3) $\wedge$ 消除

(5) $(A \wedge B) \vee (A \wedge C) \vdash (A \wedge B) \vee (A \wedge C)$　公理

(6) $(A \wedge B) \vee (A \wedge C) \vdash A$　(2)(4)(5) $\vee$ 消除

证 $(A \wedge B) \vee (A \wedge C) \vdash B \vee C$

(1) $(A \wedge B) \vee (A \wedge C);A \wedge B \vdash A \wedge B$　公理

(2) $(A \wedge B) \vee (A \wedge C);A \wedge B \vdash B$　(1) $\wedge$ 消除

(3) $(A \wedge B) \vee (A \wedge C);A \wedge B \vdash B \vee C$　(2) $\vee$ 引入

(4) $(A \wedge B) \vee (A \wedge C);A \wedge C \vdash A \wedge C$　公理

(5) $(A \wedge B) \vee (A \wedge C);A \wedge C \vdash C$　(4) $\wedge$ 消除

(6) $(A \wedge B) \vee (A \wedge C);A \wedge C \vdash B \vee C$　(5) $\vee$ 引入

(7) $(A \wedge B) \vee (A \wedge C) \vdash (A \wedge B) \vee (A \wedge C)$ 公理

(8) $(A \wedge B) \vee (A \wedge C) \vdash B \vee C$　(3)(6)(7) $\vee$ 消除

同理可证 $\vdash (A \vee (B \wedge C)) \leftrightarrow ((A \vee B) \wedge (A \vee C))$

定理 3.2.7　PC 的公理均为 ND 的定理,即

(1) $\vdash_{ND} A \to (B \to A)$

(2) $\vdash_{ND} (A \to (B \to C)) \to ((A \to B) \to (A \to C))$

(3) $\vdash_{ND} (\neg A \to \neg B) \to (B \to A)$

证明

(1) $\vdash_{ND} A \to (B \to A)$

①$A, B \vdash_{ND} A$　公理

②$A \vdash_{ND} B \to A$　① $\to$ 引入

③ $\vdash_{ND} A \to (B \to A)$　② $\to$ 引入

(2) $\vdash_{ND} (A \to (B \to C)) \to ((A \to B) \to (A \to C))$

①$A \to (B \to C), A \to B, A \vdash_{ND} A$　公理

②$A \to (B \to C), A \to B, A \vdash_{ND} A \to (B \to C)$　公理

③$A \to (B \to C), A \to B, A \vdash_{ND} B \to C$　①② $\to$ 消除

④$A \to (B \to C), A \to B, A \vdash_{ND} A \to B$　公理

⑤$A \to (B \to C), A \to B, A \vdash_{ND} B$　①④ $\to$ 消除

⑥$A \to (B \to C), A \to B, A \vdash_{ND} C$　③⑤ $\to$ 消除

⑦$A \to (B \to C), A \to B \vdash_{ND} A \to C$　⑥ $\to$ 引入

⑧$A \to (B \to C) \vdash_{ND} (A \to B) \to (A \to C)$　⑦ $\to$ 引入

⑨ $\vdash_{ND} (A \to (B \to C)) \to (A \to B) \to (A \to C)$　⑧ $\to$ 引入

(3) $\vdash_{ND} (\neg A \to \neg B) \to (B \to A)$

①$\neg A \to \neg B, B; \neg A \vdash_{ND} \neg A$　公理

②$\neg A \to \neg B, B; \neg A \vdash_{ND} \neg A \to \neg B$　公理

③$\neg A \to \neg B, B; \neg A \vdash_{ND} \neg B$　①② $\to$ 消除

④$\neg A \to \neg B, B; \neg A \vdash_{ND} B$　公理

⑤$\neg A \to \neg B, B \vdash_{ND} \neg\neg A$　③④$\neg$ 引入

⑥$\neg A \to \neg B, B \vdash_{ND} A$　⑤$\neg\neg$ 消除

⑦$\neg A \to \neg B \vdash_{ND} B \to A$　⑥ $\to$ 引入

⑧$\vdash_{ND} (\neg A \to \neg B) \to (B \to A)$　⑦ $\to$ 引入

由定理 3.2.7 及 $\to$ 消除规则知 PC 的定理均可在 ND 中证得，因此今后在 ND 中的证明都可以直接调用 PC 中已证的相关定理。

习　题

1. 在 PC 中证明下列事实：

(1) $\vdash (A \to (A \to B)) \to (A \to B)$

(2) $\neg A \vdash A \to B$

(3) $A \to B, \neg(B \to C) \to \neg A \vdash A \to C$

(4) $\vdash (A \to (B \to C)) \to ((A \to (D \to B)) \to (A \to (D \to C)))$

(5) $\vdash (A \to (B \to C)) \to ((C \to D) \to (A \to (B \to D)))$

(6) $\vdash ((A \to B) \to C) \to (B \to C)$

(7) $\vdash ((A \to B) \to (B \to A)) \to (B \to A)$

(8) $\vdash A \to ((A \to B) \to (C \to B))$

(9) $\vdash ((A \to B) \to A) \to A$

(10) $\vdash ((A \to B) \to C) \to ((C \to A) \to A)$

(11) $\vdash ((A \to B) \to C) \to ((A \to C) \to C)$

(12) $\vdash (((A \to B) \to C) \to D) \to ((B \to D) \to (A \to D))$

(13) $\vdash (A \to C) \to ((B \to C) \to (((A \to B) \to B) \to C))$

(14) $\vdash (A \to C) \to ((B \to C) \to (((B \to A) \to A) \to C))$

2. 利用演绎定理在 PC 中证明：

(1) $\vdash (B \to A) \to (\neg A \to \neg B)$

(2) $\vdash (A \to B) \to ((B \to C) \to (A \to C))$

(3) $\vdash ((A \to B) \to A) \to A$

(4) $\vdash \neg(A \to B) \to (B \to A)$

3. 将 PC 中公理 A_3 改为 $(\neg A \to \neg B) \to ((\neg A \to B) \to A)$，记所得系统为 PC′。证明：

(1) $\vdash_{PC} (\neg A \to \neg B) \to ((\neg A \to B) \to A)$

(2) $\vdash_{PC'} (\neg A \to \neg B) \to (B \to A)$

4. 证明：对 PC 有下列导出规则：

(1) 若 $\vdash A \to (B \to C)$，$\vdash B$，则 $\vdash A \to C$

(2) 若 $\Gamma; \neg A \vdash B$，及 $\Gamma; \neg A \vdash \neg B$，则 $\Gamma \vdash A$

5. 证明 $(\neg A \to B) \to (A \to \neg B)$ 不是 PC 的定理。

6. 在 ND 中证明：

(1) $\vdash (\neg A \to A) \to A$

(2) $\vdash A \to (B \to C) \leftrightarrow (A \wedge B \to C)$

(3) $\vdash (A \vee B) \to C \leftrightarrow (A \to C) \wedge (B \to C)$

(4) $\{A \to B, \neg(B \to C) \to \neg A\} \vdash A \to C$

(5) $\vdash \neg(A \to B) \leftrightarrow A \wedge \neg B$

(6) $\vdash (A \vee B) \wedge (\neg B \vee C) \to A \vee C$

(7) $\vdash (A \wedge B) \leftrightarrow A \wedge (\neg A \vee B)$

(8) $\vdash ((A \leftrightarrow B) \leftrightarrow A) \leftrightarrow B$

第 4 章　一阶谓词逻辑演算基本概念

一阶谓词逻辑演算 FC(first order predicate calculus) 是最重要的符号逻辑系统，也称为狭义谓词演算，其他的逻辑系统都被看作是它和命题演算系统的扩充、推广和归约。它在计算机科学中有着广泛的应用，如在程序设计理论、语义形式化、程序逻辑研究、定理证明及知识表示等方面。

对一阶谓词逻辑的研究分为语法和语义两个方面。语法研究由形成部分和推理部分构成。其中形成部分的主要内容是由基本符号集、语法规则来构造它的语言，这些语法规则称为形成规则，由此构造的语言称为一阶语言，也就是由基本符号和形成规则构成的符号串的特定集合，所以它也是形式语言。推理部分的主要内容是系统逻辑演算的公理和推理规则，并由此给出定理和证明的精确定义及其推理过程。这里公理、定理和证明都是形式的，推理规则为符号串的变形规则，因此一阶谓词逻辑演算系统是一个形式系统。将形式系统加以解释，赋予这些语法范畴的概念以具体语义，使之与数学系统、或程序系统、或物理系统等联系起来，这就是语义的研究。

4.1　引　言

在命题逻辑中，把原子命题看作是不可再分的基本单位，仅仅对于复合命题公式进行分析，研究联结词的意义和使用规则，研究与联结词有关的推理形式和规律，而对原子命题内部的逻辑结构与逻辑形式是不加分析和讨论的，但在演绎推理中，有许多推理的正确性依赖于前提与结论中各原子命题的内部逻辑结构，这使得命题逻辑在知识表达和逻辑推理方面存在很大的局限性，主要表现在以下三个方面：

（1）命题逻辑的知识表达能力的局限性。比如在表达具有相同类型的命题时，需要用到多个命题变元，如下例所示：

例 4.1.1 设有如下三个命题：

（1）北京是中国的城市。

（2）上海是中国的城市。

（3）天津是中国的城市。

则用命题变元对它们形式化时，需要引入三个命题变元 P,Q,R 来分别表示它们。此时通过这种简单的命题变元形式化的弊端显然：一是不能揭示上述命题之间的共性，即都在描述某城市"是中国的城市"这一共性，同时也看不出各个命题中研究对象的不同；二是如果增加形如上述的命题，就必须同时引入新的命题变元符号。

（2）命题逻辑对于一些含有变元的判断不能处理，因为含有变元的判断通常在未对变元赋值前是不能确定真假值的。比如数学中一些常用的含有变元的判断：$x \geqslant 100$，其中 x 为变元，很显然该判断的真假依赖于变元 x 的取值，这种判断用命题是无法表达的。

（3）命题逻辑的推理能力有限，在自然语言及数学中有些推理也不能仅仅用命题演算加以描述和研究，如下列所示：

例 4.1.2 对于著名的苏格拉底三段论：

（1）所有的人都是要死的；

（2）苏格拉底是人；

（3）所以苏格拉底是要死的。

很显然上述自然语句描述的推理是正确的。如果用命题逻辑来表示上述推理，首先对上述三个命题依次引入命题变元 P,Q,R，则上述推理的命题形式为：$P \wedge Q \rightarrow R$，由于该命题公式不是一个永真式，因此也就看不出原来正确的逻辑推理。

例 4.1.3　设有如下的数学论断：

（1）所有实数的平方都是非负的；

（2）-3 是一个实数；

（3）所以 -3 的平方是非负的。

这也是一个正确的推理，与苏格拉底三段论很类似。此时如果仍用命题逻辑来表述上述逻辑推理，将会得到与例 4.1.2 除了变元符号差异外的命题形式结果，那么这种表达方式不仅保留了例4.1.2 中所说的缺点，而且体现不出来它们是分属于两个不同范畴的推理。

通过上面几个例子可以看出，上述问题的根源就在于命题演算里把原子命题看作是不可再分的基本单位，对原子命题的内部结构不再进行分析，也就体现不出命题中研究对象的特性以及研究对象之间的逻辑关系，而有些推理的正确性正是依赖于命题的内部结构。因此要反映此类推理的正确性，必须对构成原子命题的各种成分再作进一步的分析，对命题的内部结构作更深入的分析，研究命题的形式结构，以便建立的符号系统能表达原子命题各成分之间的关系，进而研究相关的推理形式和规律，这种研究就是属于谓词逻辑研究。

4.2　一阶谓词演算基本概念

在谓词逻辑中，将对命题逻辑中的原子命题进行拆分。由于原子命题必是一个陈述句，而陈述句又可分为主语和谓语两部分，所以其中主语一般代表所研究的对象或由某些研究对象组成的群体，谓语部分表示研究对象的性质或研究对象之间的关系。下面对这两部分分别引入两个概念。

定义 4.2.1　个体词：用于表示研究对象的词称为个体词，分为个体常元与个体变元。

通常用字母表靠后的小写英文字母表示个体变元，靠前的小写字母表示个体常元。

定义 4.2.2　谓词：表示研究对象的性质或研究对象之间关系的词称为谓词。通常用大写字母来表示。

例 4.2.1　分析下列自然语句中的个体词和谓词并形式化：

(1) $\sqrt{2}$ 是无理数。

(2) 张三与李四是计算机专业的学生。

(3) 实数 x 比实数 y 大。

解

(1) "$\sqrt{2}$"是研究对象，为个体词，是一个个体常元；"…… 是无理数"是谓词，用来表示研究对象"$\sqrt{2}$"的性质的。

引入谓词符号 P 表示"…… 是无理数"；个体常元符号 a 表示"$\sqrt{2}$"，则原命题可形式化为：$P(a)$。

(2) 这里可以把"张三"、"李四"看作研究对象，为个体词，也是个体常元，"…… 与 …… 是计算机专业的学生"看作谓词，用来表示研究对象"张三"与"李四"的关系。

引入谓词符号 R 表示"…… 与 …… 是计算机专业的学生"；个体常元符号 a,b 分别表示"张三"、"李四"，则原命题可形式化为：$R(a,b)$。

当然这里也可以把"张三"看作研究对象，为个体词，把"…… 与李四是计算机专业的学生"看作谓词。或者将"李四"看作研究对象，为个体词，把“张三与 …… 是计算机专业的学生”看作谓词。

由此可见，个体词与谓词并不仅限于主语与谓语范围之内，需要根据研究的问题和对象来确定。

(3) 这里的研究对象是两个实数变元“x”和“y”，谓词部分为“实数 …… 比实数 …… 大”，用来表示两个研究对象之间的大小关系的。显然这种含有变元的自然语句是不能用命题变元来简单形式化的。

引入谓词符号G表示“实数 …… 比实数 …… 大”；个体变元符号为 x，y，则原命题可形式化为：$G(x,y)$。

定义 4.2.3　n 元谓词：含有 n 个个体变元的谓词称为 n 元谓词。仅含有一个个体变元的谓词称为一元谓词。

如例 4.2.1 中谓词 P 为一元谓词；谓词 G 为二元谓词。

定义 4.2.4　个体域(论域)：个体变元的取值范围称为个体域。通常用 D 表示。

定义 4.2.5　函词：用于描述从一个个体域到另一个个体域的映射。

函词的定义同基本意义上的函数定义，作为谓词的一部分，常用小写字母或小写英文单词来表示。对于含有 n 个个体变元的函词常记为 $f^{(n)}$。

例 4.2.2　用谓词对命题“张三的父亲是工程师”进行形式化。

解　用谓词 P 表示“…… 是工程师”；

用函词 $f(x)$ 表示“x 的父亲”；

用个体常元 a 表示“张三”；

则上述命题可表示为：$P(f(a))$。

与命题逻辑的知识表达能力的缺陷相比，谓词逻辑更重要的是在知识表达中引入了量词的概念。

定义 4.2.6　量词:用于限制个体词的数量,分为全称量词与存在量词。

(1) 全称量词($\forall$):表任意的,从量上表示“所有的”。

例 4.2.3　设谓词 $P(x)$ 表示“x 是有理数”,则在 $P(x)$ 加上全称量词 $\forall$ 的约束后为“$\forall xP(x)$”,表示对任意的研究个体 x 均有性质 P,即为“所有的 x 是有理数”。

(2) 存在量词($\exists$):表存在的,从量上表示“至少有一个”。

例 4.2.4　设谓词 $Q(x)$ 表示“x 是无理数”,则在 $Q(x)$ 加上存在量词 $\exists$ 的约束后为“$\exists xP(x)$”,表示至少存在一个研究个体 x 具有性质 Q,即为“存在 x 是无理数”。

全称量词与存在量词有如下关系:

$\forall xP(x) = \neg \exists x \neg P(x)$

$\exists xP(x) = \neg \forall x \neg P(x)$

有了谓词、函词、量词、个体变元和个体常元的概念,便可以定义谓词演算中的项和公式的定义。

定义 4.2.7　项:

(1) 个体常元、个体变元是项;

(2) 若 $f^{(n)}$ 是一个 n 元函词,且 $t_1, t_2, \cdots, t_n$ 为项,则 $f^{(n)}(t_1, t_2, \cdots, t_n)$ 是项;

(3) 由(1)(2)有限次复合所产生的结果是项。

例 4.2.5　设有一元函词 $father(x)$ 表示 x 的父亲,个体常元 a 表示“张三”;则 $father(a)$,$father(father(a))$ 均为项。

定义 4.2.8　合式公式:

(1) 不含联结词的单个谓词即原子谓词公式是合式公式;

(2) 若 A 为合式公式,则 $\neg A$ 也是合式公式;

(3) 若 A,B 为合式公式,且无变元 x 在 A,B 中一个是约束的,而另一个是自由的,则 $A \wedge B$,$A \vee B$,$A \rightarrow B$,$A \leftrightarrow B$ 均是合式公式;

(4) 若 A 为合式公式,而 x 在 A 中为自由变元,则 $\forall xP(x)$,$\exists xP(x)$ 均是合式公式;

(5) 由(1) ~ (4) 有限次复合所形成的公式均为合式公式。

合式公式也称为谓词公式,或简称为公式。

例 4.2.6 如例 4.2.1 中的原子谓词 $G(x,y)$ 为谓词公式,$\neg \forall xP(x)$,$\forall xP(x) \vee \exists yQ(y)$,$\forall xR(x) \rightarrow \exists yQ(y,v)$,$\forall x(P(x) \wedge Q(x)) \leftrightarrow (\forall xP(x) \wedge \forall xQ(x))$ 及 $\forall xP(x) \wedge \exists y(Q(y) \rightarrow \neg R(y))$ 均为谓词公式。

定义 4.2.9　约束变元与自由变元:

(1) 约束变元:受量词约束的个体变元称为约束变元。

例 4.2.7 设 $\forall xP(x)$,$\exists xQ(x)$ 均为谓词,则其中的变元 x 均为约束变元。

(2) 自由变元:不受量词约束的个体变元。

例 4.2.8 设 $\forall xP(x) \vee Q(y)$ 为谓词,则其中变元 x 为约束变元,而变元 y 为自由变元。

定义 4.2.10　辖域:量词所约束的范围。

例 4.2.9 $\forall y(\exists xP(x,y) \rightarrow Q(y)) \rightarrow \exists vR(y,v)$,其中"$\forall y$"所约束的范围为 $\exists xP(x,y) \rightarrow Q(y)$,而 $\exists vR(y,v)$ 中的变元 y 则不受"$\forall y$"所约束,它为自由变元。

定义 4.2.11　易名规则:将量词辖域中出现的某个约束变元改成另一个在该辖域中未出现的个体变元,公式中的其余部分保持不变。改名后的公式称为原公式的改名式。如 $\forall yP(y)$ 称为 $\forall xP(x)$ 的改名式,或将其改名式记为 $\forall yP(x)^x_y$。

运用易名规则的时候需要注意待改名的变元在其辖域内的此变元应均被改掉,而其余的保持不变,另外新引进的变元符不应该在该量词的辖域内出现。

例 4.2.10 设 P,Q,R 为谓词公式，则表达式 $\neg R(x,y,z) \wedge \forall xQ(x,y) \to \exists yP(y)$ 中的变元 x,y 既为自由变元又为约束变元，易混淆故改名为

$$\neg R(x,y,z) \wedge \forall vQ(v,y) \to \exists uP(u)$$

修改后前面的自由变元 x,y 仍保持不变。

例 4.2.11 设有谓词 $\forall x(P(x,y) \to Q(x))$，则对约束变元 x 可易名为变元 v，即有

$$\forall v(P(v,y) \to Q(v))$$

这里对约束变元 x 的易名不能用变元 y 来代替。

定义 4.2.12 可代入：设 v 为谓词公式 A 中的自由变元，且项 t 中不含 A 中的约束变元符(若有可易名)，则称项 t 对 v 是可代入的。

例 4.2.12 令 $A=\forall v_1 P(v_1,v_2)$，设 t 为不含约束变元 v_1 的项，则 t 项对变元 v_2 是可带入的。但若项 $t=f(v_1)$，其中 f 为函词，则项 t 对变元 v_2 是不可带入的。

定义 4.2.13 代入：对公式 A 中的自由变元 v 的所有自由出现都换为项 t(必须是可代入的)，记为 A_t^v。若 A 中无 v 则 $A_t^v=A$。

例 4.2.13 令 $A=R(x) \to N(x)$，项 $t=f(3)$，则

$$A_t^x = A_{f(3)}^x = R(f(3)) \to N(f(3))$$

定义 4.2.14 全称化：设 $v_1,v_2,\cdots,v_n$ 为公式 A 中的自由变元，则公式 $\forall v_{i_1} \forall v_{i_2} \cdots \forall v_{i_r} A$ 称为 A 的全称化，其中 $1 \leqslant i_1,i_2,\cdots,i_r \leqslant n$，$1 \leqslant r \leqslant n$。

公式 $\forall v_1 \forall v_2 \cdots \forall v_n A$ 称为 A 的全称封闭式。

例 4.2.14 令 $A=P(x,y,z) \to \neg Q(x,y)$，变元 x,y,z 为公式 A 中的自由变元。则 $\forall xA$，$\forall yA$，$\forall zA$，$\forall x \forall yA$ 均为 A 的全称化，$\forall x \forall y \forall zA$ 称为 A 的全称封闭式。

4.3　自然语句的形式化

使用谓词逻辑来描述和推理以自然语句表达的问题，首先需要形式化。该形式化的过程需要先将问题分解成一些原子谓词，然后引入谓词符号，进而使用量词、函词、逻辑联结词来构成合式公式。下面通过一些具体例子来说明。

例 4.3.1　将下列语句翻译成谓词公式。

(1) 任意的有理数都是实数。

(2) 有的实数是有理数。

解　令：

谓词 $P(x)$：x 是有理数

谓词 $R(x)$：x 是实数

则上述语句形式化为：

(1) $\forall x(P(x) \rightarrow R(x))$

(2) $\exists x(R(x) \land P(x))$

例 4.3.2　将 4.1 节中例 4.1.2、例 4.1.3 的推理用谓词的形式表示出来。

解　在例 4.1.2 中令：

谓词 $M(x)$：x 是人

谓词 $D(x)$：x 是要死的

个体常元 a 表示“苏格拉底”

则例 4.1.2 中的语句形式化为：

(1) $\forall x(M(x) \rightarrow D(x))$

(2) $M(a)$

(3) $D(a)$

在例 4.1.3 中令：

谓词 $R(x)$：x 是实数

谓词 $N(x)$：x 是非负的

函词 $f(x)$：x 的平方

则例 4.1.3 中的语句形式化为：

(1) $\forall x(R(x) \rightarrow N(f(x)))$

(2) $R(-3)$

(3) $N(f(-3))$

这里对常元"-3",也可以仿照前面引入个体常元来表示。

例 4.3.3 将命题"并非所有在北京工作的人都是北京人"用谓词形式化。

解 令：谓词 $W(x)$：x 是在北京工作的人

谓词 $B(x)$：x 是北京人

则上述语句形式化为：$\neg \forall x(W(x) \rightarrow B(x))$

例 4.3.4 将命题"过平面上的两个不同点有且仅有一条直线通过"用谓词形式化。

解 令：谓词 $D(x)$：x 为平面上的点

谓词 $G(x)$：x 为平面上的直线

谓词 $L(x,y,z)$：z 通过 x,y

谓词 $E(x,y)$：x 与 y 相等

则上述语句形式化为：

$\forall x \forall y(D(x) \wedge D(y) \wedge \neg E(x,y) \rightarrow \exists z(G(z) \wedge L(x,y,z) \wedge \forall u(G(u) \wedge Lx,y,u) \rightarrow E(u,z))))$

对于这种含有"存在且唯一"的命题,通常先将存在性形式化,然后再形式化唯一性。

例 4.3.5 将下列自然语句描述的推理用谓词公式表示出来：

大学里的学生不是本科生就是研究生。有的学生是高材生。John 不是研究生，但是高材生。则如果 John 是大学里的学生必是本科生。

解　令：谓词 $S(x)$：x 是大学里的学生

谓词 $B(x)$：x 是本科生

谓词 $G(x)$：x 是研究生

谓词 $P(x)$：x 是高材生

则上述语句形式化为：

(1) $\forall x(S(x) \rightarrow B(x) \overline{\vee} G(x))$

(2) $\exists xP(x)$

(3) $\neg G(\text{John}) \wedge P(\text{John})$

(4) $S(\text{John}) \rightarrow B(\text{John})$

这里需要引起注意的是对命题“大学里的学生不是本科生就是研究生”形式为 $\forall x(S(x) \rightarrow B(x) \vee G(x))$ 是不准确的，因为大学里的学生要么是本科生，要么是研究生，只能二者取一，应该是异或关系。

例 4.3.6　将下列自然语句描述的推理用谓词公式表示出来：

每个自然数不是偶数就是奇数。自然数为偶数当且仅当它能被 2 整除。并不是所有的自然数都能被 2 整除。所以有的自然数为奇数。

解　令：谓词 $N(x)$：x 是自然数

谓词 $E(x)$：x 是偶数

谓词 $O(x)$：x 是奇数

谓词 $G(x)$：x 能被 2 整除

则上述语句形式化为：

(1) $\forall x(N(x) \rightarrow E(x) \overline{\vee} O(x))$

(2) $\forall x(N(x) \rightarrow (E(x) \leftrightarrow G(x)))$

(3) $\neg \forall x(N(x) \rightarrow G(x))$

(4) $\exists x(N(x) \wedge O(x))$

其实这里由于每个句子中都对研究对象作了限制,也就是都在自然数的前提下,因此在进行形式化的时候可以去掉其中对自然数的限制。

例 4.3.7 将下列自然语句描述的推理用谓词公式表示出来:

没有不守信用的人是可以信赖的。有些可以信赖的人是受过高等教育的。因此有些受过高等教育的人是守信用的。

解 令:谓词 $P(x)$:x 是守信用的人

谓词 $Q(x)$:x 是可以信赖的人

谓词 $E(x)$:x 是受过高等教育的人

则上述语句形式化为:

(1) $\neg \exists x(\neg P(x) \wedge Q(x))$

(2) $\exists x(Q(x) \wedge E(x))$

(3) $\exists x(E(x) \wedge P(x))$

根据例 4.3.6 的分析,这里每个命题都对人作了限制,因此在形式化的时候就不需要考虑该限制了。

习　题

1. 指出下列谓词公式中的自由变元与约束变元,并说明什么样的项对这些自由变元是可代入的。

(1) $\exists xP(x) \wedge P(y)$

(2) $\forall x(P(x) \wedge Q(v) \rightarrow \exists y(R(y) \wedge S(x)))$

2. 用 $A_{t'}^{v}$ 与 $t_{t'}^{v}$ 分别表示公式 A 和项 t 中的变元 v 用项 t' 代入后

的代入实例。试根据公式 A 和项 t 的构成归纳定义 A_t^v 和 t_t^v，定义中不能使用类似"代换"的字样。

3. 假设论域为整数集合，确定下列语句的真值。

(1) $\forall n \exists m(n^2 < m)$

(2) $\exists n \forall m(n < m^2)$

(3) $\forall n \exists m(n + m = 0)$

(4) $\exists n \forall m(nm = m)$

(5) $\exists n \exists m(n^2 + m^2 = 6)$

(6) $\forall n \forall m \exists p(p = (n + m)/2)$

4. 假设论域为实数集合，确定下列语句的真值。

(1) $\forall x \exists y(x^2 = y)$

(2) $\forall x \exists y(x = y^2)$

(3) $\exists x \forall y(xy = 0)$

(4) $\forall x(x \neq 0 \rightarrow \exists y(xy = 1))$

(5) $\exists x \forall y(y \neq 0 \rightarrow xy = 1)$

(6) $\forall x \exists y(x + y = 1)$

(7) $\forall x \exists y(x + y) = 2 \land 2x - y = 1$

(8) $\forall x \forall y \exists z(z = (x + y)/2)$

5. 将下列公式中的否定词等价变换到谓词中去，即否定词不在量词外边，也不在含逻辑联结词的表达式的外边。

(1) $\neg \exists x \exists y P(x, y)$

(2) $\neg \forall x \exists y P(x, y)$

(3) $\neg \exists y(Q(y) \land \forall x \neg R(x, y))$

(4) $\neg \exists y(\exists x R(x, y) \lor \forall x S(x, y))$

(5) $\neg \exists y(\forall x \exists z T(x, y, z) \lor \exists x \forall z W(x, y, z))$

6. 将下列自然语句形式化为谓词公式。

（1）所有能被 2 整除的整数都是偶数。

（2）有些偶数能被 3 整除。

（3）是金子都闪光，但闪光的并不都是金子。

（4）每个自然数都有唯一一个自然数是它的直接后继。

（5）有些学生相信所有的教师。任何一个学生都不相信骗子。所以教师都不是骗子。

（6）计算机系的每个研究生要么是推荐免试生要么是统考生。所有推荐免试生的本科课程成绩都很好。但并非所有研究生本科课程成绩都很好。所以一定有研究生是统考生。

（7）一名学生要想取得硕士学位，必须至少修满 60 个学分，或至少修满 45 分并通过硕士论文答辩，并且所有必修课程的成绩不低于 B。

第 5 章　一阶谓词演算形式系统

在这一章中，先介绍一个简明的一阶谓词逻辑演算形式系统。作为一个形式系统，与命题演算形式系统相似，首先介绍其语法部分，主要包括一阶语言、公理、推理规则和定理推演，其中定理推演，即研究推理的形式是本章的重点内容。然后介绍一阶谓词逻辑的语义部分，通过对语法范畴的符号串赋以给定的结构来确定其语义，从语义的角度来阐释一个正确的形式推理是一个以推理的前提为前件，以推理的结论为后件的逻辑蕴涵关系，由此给出一阶谓词逻辑演算系统的重要性质定理，主要包括合理性、一致性和完备性。最后再介绍两个较实用的一阶谓词演算系统。

5.1　一阶谓词演算形式系统组成

在这一节中，将建立一个简明的一阶谓词逻辑演算的形式化公理系统，也简称为一阶谓词演算(FC)。首先给出其一阶语言部分，为了简化有关公式的某些性质的讨论以及简化定理的证明，在一阶语言的初始符号中将不包括 $\wedge$、$\vee$、$\leftrightarrow$ 和存在量词 $\exists$。通常用 L 表示一阶语言，记作 L(FC)。

1. 一阶语言

(1) 字符集

个体变元：$x, y, z, u, v, w, \cdots$

个体常元：a,b,c,d,e

n 元函词：$f^{(n)},g^{(n)},h^{(n)},\cdots$

n 元谓词：$P^{(n)},Q^{(n)},R^{(n)},\cdots$

真值联结词：$\neg,\rightarrow$

量词：$\forall$

技术性括号：(,)

（2）形成规则

就是指由基本字符集形成项和谓词公式的定义。

由于 L(FC) 中的联结词使用了完备集$\{\neg,\rightarrow\}$，因此联结词 $\wedge$，$\vee$，$\leftrightarrow$ 完全可以通过$\{\neg,\rightarrow\}$ 用定义的形式表示出来：

$A \wedge B=\neg(A\rightarrow\neg B)$

$A \vee B=\neg A\rightarrow B$

$A\leftrightarrow B=(A\rightarrow B)\wedge(B\rightarrow A)$

由此可见，完全可以把含有联结词 $\wedge$、$\vee$、$\leftrightarrow$ 的公式看作是对一阶语言中的公式的一种缩写而已，从本质上来说并没有改变一阶语言本身。与此相似，对于存在量词 $\exists$，由于它和全称量词 $\forall$ 存在关系：$\exists xP(x)=\neg\forall x\neg P(x)$，因此存在量词 $\exists$ 也可以在 L(FC) 中省略，这样便于我们讨论问题的简明性。

另外在 L(FC) 中也可以引入命题符号（相当于零元谓词），这样命题演算系统 PC 的语言部分就成为 L(FC) 的子集了。

2. 一阶逻辑系统的理论

（1）公理

下列公理模式及其全称化均为公理。其中 A,B,C 为语法变元，可代表 FC 中的任意公式，v 为任意变元，t 为任意项。

AX1.1：$A\rightarrow(B\rightarrow A)$

AX1.2：$(A \to (B \to C)) \to ((A \to B) \to (A \to C))$

AX1.3：$(\neg A \to \neg B) \to (B \to A)$

AX2：$\forall vA \to A_t^v$（项 t 对 v 可代入）

AX3：$\forall v(A \to B) \to (\forall vA \to \forall vB)$

AX4：$A \to \forall vA$（v 在 A 中无自由出现）

前三个公理模式除了其中的语法变元代表一阶语言 L(FC) 中的任意公式外，它们和命题演算中三个公理模式是相同的，因此它们都是重言式。对于公式 AX2、AX3、AX4 为重言式将在下一节的内容中介绍，这里需要注意的是 AX2 与 AX4 的使用附加条件是不可缺少的，否则它们将不再是重言式。

(2) 推理规则

与 PC 的推理规则相同仍为分离规则(r_{mp})，即若有结论 A 及 $A \to B$ 成立则必有结论 B 成立，只不过这里的公式 A，B 为 FC 中的公式，用形式化序列表示为：A，$A \to B$，B。

(3) 定理

这是 FC 中的重要内容，包括所有的推理结论及其推理过程。

从以上 FC 的组成可以发现，PC 的语言和公理均为 FC 的子集，且它们的推理规则也相同，因此命题演算系统 PC 可以看作一阶谓词演算系统 FC 的子系统，从而 PC 的定理均可看作 FC 的定理，今后在 FC 的证明中，对于 PC 中已证的定理和结论都可以直接调用，这将给一阶谓词演算的推理带来很大的方便。

另外关于 FC 中的定理、证明以及演绎、演绎结果的定义与 PC 中的定义是一样的，只不过将其中的公式均改为 L(FC) 中的公式即可。

下面给出一些 FC 中比较常用的基本定理的推理。

5.2 FC 的基本定理

在这一节中，将给出一阶谓词演算中的若干基本定理和几个关于量词的导出规则，使用这些基本定理和导出规则可以加速一般的逻辑推理过程。

定理 5.2.1 对 FC 中任意的公式 A，变元 v，有 $\vdash_{FC} \forall vA \rightarrow A$。

证明 由 $\forall vA \rightarrow A_t^v$（项 t 对 v 可代入）为公理，特取项 $t=v$ 则有：$\forall vA \rightarrow A_v^v$，即 $\forall vA \rightarrow A$。

下面如果不作特殊说明均为 FC 中的证明。

定理 5.2.2 对 FC 中任意的公式 A，变元 v，有 $\vdash A \rightarrow \neg \forall v \neg A$ 或 $\vdash A \rightarrow \exists vA$。

证明

(1) $\forall v\neg A \rightarrow \neg A$ 定理

(2) $(\forall v\neg A \rightarrow \neg A) \rightarrow (A \rightarrow \neg \forall v\neg A)$ 定理 3.1.11

(3) $A \rightarrow \neg \forall v\neg A$ (1)(2)r_{mp}

即 $A \rightarrow \exists vA$。

定理 5.2.3 $\vdash \forall vA \rightarrow \exists vA$

证明 直接由定理 5.2.1 及定理 5.2.2 即可知。

定理 5.2.4(全称推广) 对 FC 中任意的公式 A，变元 v，若 $\vdash A$ 则 $\vdash \forall vA$。

证明 若变元 v 在 A 中无自由出现，此时 $A \rightarrow \forall vA$ 为公理，则由 $\vdash A$ 知 $\vdash \forall vA$。下面不妨假设变元 v 在 A 中自由出现。对公式 A 的证明长度 k 进行归纳证明。

(1) 当 $k=1$ 时，根据证明的定义知此时 A 为公理，则其全称化 $\forall vA$ 仍为公理，故有 $\vdash \forall vA$。

(2) 假设当 $k < n$ 时,命题成立。

则当 $k = n$ 时,存在证明序列 $A_1, A_2, \cdots, A_n (A_n = A)$。

根据归纳假设,对任意 $A_i (i < n)$ 有 $\vdash \forall v A_i$。根据证明的定义知此时 A_n 或为公理,或为 $A_i (i < n)$,或为 $A_i, A_j (i, j < n) r_{mp}$ 所得。

① 若 A_n 为公理则由(1) 知 $\vdash \forall v A_n$,即 $\vdash \forall v A$;

② 若 A_n 为 $A_i (i < n)$ 则由归纳假设知 $\vdash \forall v A_i$,即 $\vdash \forall v A_n$,则有 $\vdash \forall v A$;

③ 若 A_n 为由 $A_i, A_j (i, j < n) r_{mp}$ 所得,则不妨设 $A_j = A_i \to A_n$,根据归纳假设有 $\vdash \forall v A_i$ 及 $\vdash \forall v A_j$ 即 $\vdash \forall v (A_i \to A_n)$,由 $\forall v (A_i \to A_n) \to (\forall v A_i \to \forall v A_n)$ 为公理,则根据分离规则 r_{mp} 得 $\vdash \forall v A_i \to \forall v A_n$,再由分离规则 r_{mp} 得 $\vdash \forall v A_n$,即 $\vdash \forall v A$。

例 5.2.1 若 $\vdash A \to B$ 且变元 v 在 B 中无自由出现,则 $\vdash \exists v A \to B$。

证明

(1) $A \to B$ 已知定理(假设)

(2) $(A \to B) \to (\neg B \to \neg A)$ 定理 3.1.12

(3) $\neg B \to \neg A$ (1)(2)r_{mp}

(4) $\forall v (\neg B \to \neg A)$ (3) 全称推广

(5) $\forall v (\neg B \to \neg A) \to (\forall v \neg B \to \forall v \neg A)$ 公理

(6) $\forall v \neg B \to \forall v \neg A$ (4)(5)r_{mp}

(7) $\neg B \to \forall v \neg B$ 公理(变元 v 在 $\neg B$ 中无自由出现)

(8) $\neg B \to \forall v \neg A$ (6)(7) 定理 3.1.7r_{mp}

(9) $(\neg B \to \forall v \neg A) \to (\neg \forall v \neg A \to B)$ 定理 3.1.13

(10) $\neg \forall v \neg A \to B$ (8)(9)r_{mp}

即 $\exists v A \to B$。

可以将全称推广定理扩充到一般的情形。

定理 5.2.5 对 FC 中任意的公式集 Γ，公式 A 及变元 v，且 v 不在 Γ 的任一公式里自由出现。若 $\Gamma \vdash A$ 则 $\Gamma \vdash \forall vA$。

证明 证明同定理5.2.4的证明，区别就在于多了一个前提集 Γ。

若变元 v 在 A 中无自由出现，则由 $A \to \forall vA$ 为公理及 $\Gamma \vdash A$ 知 $\Gamma \vdash \forall vA$。下面不妨假设变元 v 在 A 中自由出现。对公式 A 的证明长度 k 进行归纳证明。

（1）当 $k=1$ 时，根据演绎的定义知此时 A 或为公理，或为 Γ 中的成员。

① 若 A 为公理，则其全称化 $\forall vA$ 仍为公理，当然有 $\Gamma \vdash \forall vA$。

② 若 A 为 Γ 中的成员：由于 v 不在 Γ 的任一公式里自由出现，且此时我们假设变元 v 在 A 中是自由出现的，故 A 不能为 Γ 中的成员。

（2）假设当 $k<n$ 时，命题成立。

则当 $k=n$ 时，存在证明序列 $A_1, A_2, \cdots, A_n (A_n = A)$。

根据归纳假设，对任意 $A_i (i<n)$ 有 $\Gamma \vdash \forall vA_i$。

又由演绎的定义知此时 A_n 或为公理，或为 $A_i (i<n)$，或为 Γ 中的成员，或为 $A_i, A_j (i, j<n) r_{mp}$ 所得。

① 若 A_n 为公理则由（1）知 $\Gamma \vdash \forall vA_n$，即 $\Gamma \vdash \forall vA$；

② 若 A_n 为 $A_i (i<n)$ 则由归纳假设知 $\Gamma \vdash \forall vA_i$，即 $\Gamma \vdash \forall vA_n$，则有 $\Gamma \vdash \forall vA$；

③ 若 A_n 为 Γ 中的成员，由（1）中的分析知此种情况不能发生；

④ 若 A_n 为由 $A_i, A_j (i, j<n) r_{mp}$ 所得，则不妨设 $A_j = A_i \to A_n$。根据归纳假设有 $\Gamma \vdash \forall vA_i$ 及 $\Gamma \vdash \forall vA_j$，即 $\Gamma \vdash \forall v(A_i \to A_n)$，由 $\forall v(A_i \to A_n) \to (\forall vA_i \to \forall vA_n)$ 为公理，则根据分离规则 r_{mp} 得 $\Gamma \vdash \forall vA_i \to \forall vA_n$，再由分离规则 r_{mp} 得 $\Gamma \vdash \forall vA_n$，即 $\Gamma \vdash \forall vA$。

注意全称推广定理的应用条件："v 不在 Γ 的任一公式里自由出

现”很重要，如果没有该条件，则由 $\Gamma \vdash A$ 推导不出结论 $\Gamma \vdash \forall vA$。如由 $(v<1) \vdash (v<100)$ 推导不出 $(v<1) \vdash \forall v(v<100)$。

例 5.2.2　$\exists x \neg A \to \forall xB \vdash \forall x(\neg A \to B)$

根据全称推广定理，只需证 $\exists x \neg A \to \forall xB \vdash \neg A \to B$。

证明

(1) $\exists x \neg A \to \forall xB$　前提

(2) $\forall xB \to B$　定理

(3) $\exists x \neg A \to B$　(1)(2) 定理 3.1.7r_{mp}

(4) $\neg A \to \exists x \neg A$　定理

(5) $\neg A \to B$　(3)(4) 定理 3.1.7r_{mp}

(6) $\forall x(\neg A \to B)$　(5) 全称推广（因为此时前提中无变元 x 的自由出现）

定理 5.2.6(演绎定理)　设 Γ 为 FC 的公式集，A,B 为 FC 的公式，则 $\Gamma;A \vdash B$ 当且仅当 $\Gamma \vdash A \to B$。

该定理的证明同 PC 中的演绎定理的证明，区别仅在于这里的公式及公式集均为 FC 的公式和公式集。

例 5.2.3　证明 $\forall x(A \to B) \vdash A \to \forall xB$，$x$ 在 A 中无自由出现。

根据演绎定理只需证 $\forall x(A \to B), A \vdash \forall xB$。

证明

(1) $\forall x(A \to B), A \vdash \forall x(A \to B)$　前提

(2) $\forall x(A \to B) \to (A \to B)$　定理

(3) $\forall x(A \to B), A \vdash A \to B$　(1)(2)r_{mp}

(4) $\forall x(A \to B), A \vdash A$　前提

(5) $\forall x(A \to B), A \vdash B$　(3)(4)r_{mp}

(6) $\forall x(A \to B), A \vdash \forall xB$

(5) 全称推广(注意要满足应用的条件)

(7) $\forall x(A\to B)\vdash A\to\forall xB$　(6) 演绎定理

这里为了便于看清楚每一步的演绎前提条件是什么,我们在推理序列里带上了相关的前提条件。如果省略不写,那么在应用诸如第(6)步的全称推广定理时,必须要保证推理序列中在公式 B 之前均无 x 的自由出现。

定理 5.2.7　设 Γ 为 FC 的公式集,A,B 为 FC 的公式。则 $\Gamma;A\vdash\neg B$ 当且仅当 $\Gamma;B\vdash\neg A$。

证明　$\Gamma;A\vdash\neg B\Leftrightarrow\Gamma\vdash A\to\neg B$ (演绎定理)

$\Leftrightarrow\Gamma\vdash B\to\neg A$　(已证定理$(A\to\neg B)\leftrightarrow(B\to\neg A)$)

$\Leftrightarrow\Gamma;B\vdash\neg A$　(演绎定理)。

定理 5.2.8(反证法)　若 FC 的公式集 $\Gamma\cup\{A\}$ 不一致,则 $\Gamma\vdash\neg A$。

证明　由 $\Gamma\cup\{A\}$ 不一致,则存在公式 B,使得 $\Gamma;A\vdash B$,$\Gamma;A\vdash\neg B$。又 $\neg B\to(B\to\neg A)$ 为定理,所以 $\Gamma;A\vdash\neg A$,则由演绎定理得 $\Gamma\vdash A\to\neg A$,又$(A\to\neg A)\to\neg A$ 为定理,从而 $\Gamma\vdash\neg A$。

例 5.2.4　证明 $\forall x\neg A\to\exists xB\vdash\exists x(\neg A\to B)$。

根据存在量词与全称量词的关系只需证

$$\forall x\neg A\to\exists xB\vdash\neg\forall x\neg(\neg A\to B)$$

证明

(1) $\forall x\neg A\to\exists xB;\forall x\neg(\neg A\to B)\vdash\forall x\neg(\neg A\to B)$　前提

(2) $\forall x\neg A\to\exists xB;\forall x\neg(\neg A\to B)\vdash\forall x\neg(\neg A\to B)\to\neg(\neg A\to B)$　定理

(3) $\forall x\neg A\to\exists xB;\forall x\neg(\neg A\to B)\vdash\neg(\neg A\to B)$

(1)(2)r_{mp}

(4) $\neg A\to(A\to B)$　定理 3.1.3

(5) $A \to (\neg A \to B)$　(4) 定理 3.1.6r_{mp}

(6) $\neg(\neg A \to B) \to \neg A$　(5) 定理 3.1.12r_{mp}

(7) $\forall x \neg A \to \exists xB; \forall x \neg(\neg A \to B) \vdash \neg A$　(3)(6)r_{mp}

(8) $\forall x \neg A \to \exists xB; \forall x \neg(\neg A \to B) \vdash \forall x \neg A$　(7) 全称推广

(9) $\forall x \neg A \to \exists xB; \forall x \neg(\neg A \to B) \vdash \forall x \neg A \to \exists xB$　前提

(10) $\forall x \neg A \to \exists xB; \forall x \neg(\neg A \to B) \vdash \exists xB$　(8)(9)r_{mp}

即 $\forall x \neg A \to \exists xB; \forall x \neg(\neg A \to B) \vdash \neg \forall x \neg B$

(11) $B \to (\neg A \to B)$　公理

(12) $\neg(\neg A \to B) \to \neg B$　(11) 定理 3.1.12r_{mp}

(13) $\forall x \neg A \to \exists xB; \forall x \neg(\neg A \to B) \vdash \neg B$　(3)(12)r_{mp}

(14) $\forall x \neg A \to \exists xB; \forall x \neg(\neg A \to B) \vdash \forall x \neg B$

(13) 全称推广

(15) $\forall x \neg A \to \exists xB \vdash \neg \forall x \neg(\neg A \to B)$　(10)(14) 反证法

定理 5.2.9　设 Γ 为 FC 的公式集，A，B 为 FC 的公式，且变元 v 不在 Γ 的任一公式里自由出现，则

$\Gamma; A \vdash B$ 蕴涵 $\Gamma; \forall vA \vdash B$　及　$\Gamma; \forall vA \vdash \forall vB$

证明　由 $\Gamma; A \vdash B$ 及演绎定理得：$\Gamma \vdash A \to B$，又变元 v 不在 Γ 的任一公式里自由出现，则由全称推广定理得：$\Gamma \vdash \forall v(A \to B)$，又根据公理 $\forall v(A \to B) \to (\forall vA \to \forall vB)$，从而 $\Gamma \vdash \forall vA \to \forall vB$，则由演绎定理得 $\Gamma; \forall vA \vdash \forall vB$，又由定理 $\forall vB \to B$ 得 $\Gamma; \forall vA \vdash B$。

定理 5.2.10(存在消除)　设 Γ 为 FC 的公式集，A，B 为 FC 的公式，且变元 v 不在 Γ 的任一公式里及公式 B 里自由出现，则由 $\Gamma \vdash \exists vA$ 及 $\Gamma; A \vdash B$ 可推出 $\Gamma \vdash B$。

证明　由 $\Gamma; A \vdash B$ 及演绎定理得：$\Gamma \vdash A \to B$，又 $(A \to B) \to (\neg B \to \neg A)$ 为定理，从而 $\Gamma \vdash \neg B \to \neg A$，则有 $\Gamma; \neg B \vdash \neg A$，又变元 v 不在 Γ 的任一公式里及公式 B 里自由出现，则由全称推广定理

得 $\Gamma;\neg B \vdash \forall v \neg A$，从而 $\Gamma \vdash \neg B \to \forall v \neg A$，又 $(\neg B \to \forall v \neg A) \to (\neg \forall v \neg A \to B)$ 为定理，则有 $\Gamma \vdash \neg \forall v \neg A \to B$，即 $\Gamma \vdash \exists vA \to B$，又 $\Gamma \vdash \exists vA$，所以 $\Gamma \vdash B$。

例 5.2.5 $\vdash \exists v(A \to B) \to (A \to \exists vB)$，$v$ 在 A 中无自由出现。

根据演绎定理只需证：$\exists v(A \to B), A \vdash \exists vB$，记 $\Gamma=\{\exists v(A \to B), A\}$，则变元 v 不在 Γ 的任一公式里自由出现。

证明

(1) $\Gamma \vdash \exists v(A \to B)$　前提

(2) $\Gamma; A \to B \vdash A$　前提

(3) $\Gamma; A \to B \vdash A \to B$　前提

(4) $\Gamma; A \to B \vdash B$　(2)(3)r_{mp}

(5) $B \to \exists vB$　定理

(6) $\Gamma; A \to B \vdash \exists vB$　(4)(5)r_{mp}

(7) $\Gamma \vdash \exists vB$　由(1)(6)及存在消除定理

定理 5.2.11(替换原理)　设 A,B 为 FC 的公式，且满足 $A \vdash\dashv B$(即 $A \vdash B$ 且 $B \vdash A$)。A 是 C 的子公式，D 是将公式 C 中若干个(未必全部)A 的出现换为公式 B 所得的公式，则 $C \vdash\dashv D$。

证明　对公式 C 的组成进行归纳证明(仅考虑由联结词 $\neg$，$\to$ 组成的公式)。

(1) 若 C 为原子公式，则此时 A 即为 C，$C=A$，从而 $D=B$，而 $A \vdash\dashv B$，故有 $C \vdash\dashv D$；

(2) 若 $C=\neg C_1$，其中对公式 C_1 进行归纳假设，即对 C_1 中若干个 A 的出现换为公式 B 所得的公式 D_1 有 $C_1 \vdash\dashv D_1$，则有 $\neg C_1 \vdash\dashv \neg D_1$，即 $C \vdash\dashv D$；

(3) 若 $C=C_1 \to C_2$，其中对公式 C_1，C_2 进行归纳假设，即对 C_1，

C_2 中若干个 A 的出现换为公式 B 所得的公式分别为 D_1, D_2，则有 $C_1 \vdash\dashv D_1, C_2 \vdash\dashv D_2$。下证 $C_1 \to C_2 \vdash\dashv D_1 \to D_2$。

先证 $C_1 \to C_2 \vdash D_1 \to D_2$：

由 $C_1 \vdash\dashv D_1$ 知 $\vdash D_1 \to C_1$，又 $(D_1 \to C_1) \to ((C_1 \to C_2) \to (D_1 \to C_2))$ 为定理，所以 $\vdash (C_1 \to C_2) \to (D_1 \to C_2)$。

又由 $C_2 \vdash\dashv D_2$ 知 $\vdash C_2 \to D_2$，又 $(C_2 \to D_2) \to ((D_1 \to C_2) \to (D_1 \to D_2))$ 为定理，所以 $\vdash (D_1 \to C_2) \to (D_1 \to D_2)$，则由传递得 $\vdash (C_1 \to C_2) \to (D_1 \to D_2)$，从而 $C_1 \to C_2 \vdash D_1 \to D_2$。

同理有 $D_1 \to D_2 \vdash C_1 \to C_2$。

(4) 若 $C = \forall x C_1$，其中对公式 C_1 进行归纳假设，即对 C_1 中若干个 A 的出现换为公式 B 所得的公式为 D_1 有 $C_1 \vdash\dashv D_1$，下证 $\forall x C_1 \vdash\dashv \forall x D_1$。

先证 $\forall x C_1 \vdash \forall x D_1$：由 $C_1 \vdash\dashv D_1$ 得 $C_1 \vdash D_1$，从而 $\vdash C_1 \to D_1$，则根据全称推广定理得 $\vdash \forall x (C_1 \to D_1)$。又由公理 $\forall x (C_1 \to D_1) \to (\forall x C_1 \to \forall x D_1)$ 得 $\vdash \forall x C_1 \to \forall x D_1$，从而 $\forall x C_1 \vdash \forall x D_1$。

同理可证 $\forall x D_1 \vdash \forall x C_1$。

综上可得 $\forall x C_1 \vdash\dashv \forall x D_1$。

例 5.2.6　$\forall x (A \to B) \vdash (\exists x A \to \exists x B)$

由 $A \to B \vdash\dashv \neg B \to \neg A$，则根据替换原理知 $\forall x (A \to B) \vdash\dashv \forall x (\neg B \to \neg A)$，故只需证 $\forall x (\neg B \to \neg A) \vdash (\exists x A \to \exists x B)$ 即可。

证明

(1) $\forall x (\neg B \to \neg A) \to (\forall x \neg B \to \forall x \neg A)$ 公理

(2) $\forall x (\neg B \to \neg A)$ 前提

(3) $\forall x \neg B \to \forall x \neg A$　(1)(2)r_{mp}

(4) $(\forall x \neg B \to \forall x \neg A) \to (\neg \forall x \neg A \to \neg \forall x \neg B)$　定理 3.1.12

(5) $\neg\forall x\neg A\to\neg\forall x\neg B$　(3)(4)r_{mp}

即 $\exists xA\to\exists xB$。

定理 5.2.12(改名定理)　在 FC 中,若 A' 是 A 的改名式,且 A' 改用的变元不在 A 中出现,则 $A\vdash\dashv A'$。

证明　不妨设公式 $A=\forall vB$,其改名式 $A'=\forall uB_u^v$(变元 u 不在公式 B 中出现,为改名式中新引入的变元,即将公式 B 中的变元 v 改为变元 u),下证 $A\vdash\dashv A'$,即证 $\forall vB\vdash\dashv\forall uB_u^v$。

先证 $\forall vB\vdash\forall uB_u^v$:由 $\vdash\forall vB\to B_{t=u}^v$ 为公理,即 $\vdash\forall vB\to B_u^v$,根据演绎定理有 $\forall vB\vdash B_u^v$,又由全称推广定理得 $\forall vB\vdash\forall uB_u^v$。

再证 $\forall uB_u^v\vdash\forall vB$:由 $\vdash\forall uB_u^v\to(B_u^v)_{t=v}^u$ 为公理,即 $\vdash\forall uB_u^v\to B$,根据演绎定理有 $\forall uB_u^v\vdash B$,又由全称推广定理得 $\forall uB_u^v\vdash\forall vB$。

对于较复杂的公式,根据替换原理上述定理仍然成立,如公式 $A=C\to\forall vB$,不妨假设变元 v 不在 C 中出现,则将 A 中的变元 v 改为变元 u 后所得的改名式 $A'=C\to\forall uB_u^v$,根据改名定理有 $\forall vB\vdash\dashv\forall uB_u^v$,而 $\forall vB$ 为 A 的子公式,则由替换原理得 $C\to\forall vB\vdash\dashv C\to\forall uB_u^v$,即 $A\vdash\dashv A'$。

对于存在量词的情况可根据存在量词与全称量词的关系直接可得,如 $A=\exists vB$,其改名式 $A=\exists uB_u^v$,则由存在量词与全称量词的关系得 $A=\neg\forall v\neg B$,由改名定理得 $\forall v\neg B\vdash\dashv\forall u\neg B_u^v$,从而 $\neg\forall v\neg B\vdash\dashv\neg\forall u\neg B_u^v$,即 $\exists vB\vdash\dashv\exists uB_u^v$,从而 $A\vdash\dashv A'$。

例 5.2.7　设 A 为 FC 的公式,则有 $\forall u\forall vA\vdash\forall vA_v^u$。

证明

(1) $\forall u\forall vA\vdash\dashv\forall u\forall xA_x^v$　改名定理,其中变元 x 在 A 中无出现

(2) $\vdash\forall u\forall xA_x^v\to(\forall xA_x^v)_{t=v}^u$,公理(这里 v 对 u 显然可代入)

即 $\vdash \forall u \forall x A_x^v \to \forall x (A_x^v)_v^u$。

(3) $\vdash \forall x (A_x^v)_v^u \to ((A_x^v)_v^u)_{t=v}^x$　公理(这里 v 对 x 也可代入)

即 $\vdash \forall x (A_x^v)_v^u \to ((A_x^v)_v^u)_v^x$,即 $\vdash \forall x (A_x^v)_v^u \to A_v^u$。

(4) $\vdash \forall u \forall x A_x^v \to A_v^u$　(2)(3) 传递

(5) $\forall u \forall x A_x^v \vdash A_v^u$　(4) 演绎定理

(6) $\forall u \forall v A \vdash A_v^u$　(1)(5) 替换原理

(7) $\forall u \forall v A \vdash \forall v A_v^u$　(6) 全称推广

注意　这里不能直接运用 $\forall u \forall v A \to (\forall v A)_{t=v}^u$,因为此时 v 在子公式 $\forall v A$ 中有约束出现,故 v 对 u 不可代入,不满足运用此公理的条件,于是上述证明中为了能够运用此公理首先运用改名定理将子公式 $\forall v A$ 中的约束变元 v 进行了改名。

定理 5.2.13　设 Γ 为 FC 的公式集,A 为 FC 的公式,c 为不在 Γ 的任一公式中出现的常元。则存在不在 A 中出现的变元 v,使得 $\Gamma \vdash A$ 蕴涵 $\Gamma \vdash \forall v A_v^c$,并且在由 Γ 推出 $\forall v A_v^c$ 的演绎序列中也无 c 的出现。

证明　设 $\Gamma \vdash A$ 的演绎序列为:$A_1, A_2, \cdots, A_m (A_m = A)$

令变元 v 为不在 $A_i (i=1,\cdots,m)$ 中出现的变元。

下面先证序列 ${A_1}_v^c, {A_2}_v^c, \cdots, {A_m}_v^c ({A_m}_v^c = A_v^c)$ 是由 Γ 推出 A_v^c 的演绎。

对演绎长度 m 进行归纳证明。

(1) 当 $m=1$ 时,则 A 为公理或 $A \in \Gamma$。

① 若 A 为公理,则此时 A_v^c 仍为公理,当然有 $\Gamma \vdash A_v^c$。

② 若 $A \in \Gamma$,此时由于 Γ 中成员均无 c 的出现,则 $A_v^c = A$,从而 $\Gamma \vdash A_v^c$。

(2) 假设当 $m < k$ 时,${A_1}_v^c, {A_2}_v^c, \cdots, {A_m}_v^c ({A_m}_v^c = A_v^c)$ 是由 Γ 推出

上的"$\geqslant$"二元关系,用"0"来指派给常元 a,则此时 $\forall xP(x,a)$ 即为 $\forall x(x\geqslant 0)$,为一真命题,但若用"100"来指派给常元 a,则此时为假命题。

当公式中含有 n 元函词符号时,那么对公式的解释除了确定的个体域、谓词符号的解释及常元的指派外,还必须把 n 元函词符号解释为个体域中的具体的 n 元运算,如下例所示。

例 5.3.2 设 $\forall xQ(f(x,a),x)$ 为 FC 的公式,假定论域 D 为实数集 R,二元谓词 $Q(x,y)$: $x=y$,常元 a 指派为"0",二元函词 $f(x,y)=x+y$,则此时 $\forall xQ(f(x,a),x)$ 即为 $\forall x(x+0=x)$,为一真命题,但若将二元函词 f 解释为 $f(x,y)=xy$,则为假命题。

一个闭公式经上述解释后就能成为一个命题,但当一个公式中包含有自由变元时,得到的公式还不一定是命题,而是命题函数。

例 5.3.3 设 $\exists xG(x,y)$ 为 FC 的公式。假定论域 D 为自然数集 N,二元谓词 $G(x,y)$ 表示 N 上的二元关系"$x<y$",则此时 $\exists xG(x,y)$ 即解释为 $\exists x(x<y)$,显然其真值结果依赖于对自由变元 y 在论域 N 上的赋值,只有在对自由变元 y 指定确定的值后,才能得到一个命题,如令 $y=5$,则为真命题,如令 $y=0$,则为假命题。

上述对一阶语言中的项和公式的解释,称作一个结构,它包括两部分,一个是论域 D,另一个是对项和公式的解释 I。下面对解释 I 给出具体说明。

1. 解释 I 的组成

一个解释就是一个映射 I,它指称一阶语言中的常元、函词、谓词为:

(1) 对任一常元 a 指定为论域 D 中的一个个体,记为 $I(a)$,简记为 $\bar{a}$;

（2）对每一 n 元函词 $f^{(n)}$ 指定为 D 上一个 n 元函数，记为 $I(f^{(n)})$，简记为 $\overline{f}^{(n)}$；

（3）对每一 n 元谓词 $P^{(n)}$ 指定为 D 上一个 n 元关系，记为 $I(P^{(n)})$，简记为 $\overline{P}^{(n)}$。

有了确定的结构，一阶语言中的合法符号串便有了一定的语义，通常用 $U=<D,I>$ 来表示这样的一个结构，表示以 D 为论域，以 I 为解释的一个结构，将全体结构的集合记为 T（因为这种结构集合常称为 Tarski 语义结构类）。

为了讨论一阶语言中公式的真值，对公式中可能含有的个体变元在论域 D 中确定取值的过程称为指派。

2. **指派**

一阶谓词演算中的指派是对个体变元指定为论域 D 中的个体作为其取值，即为映射 $s:\{v_1,v_2,v_3,\cdots\}\to D$。即对任一变元 v_i，$s(v_i)\in D$。

指派 s 可扩展为从项集合到个体域的映射 $\overline{s}$：对任意的项 t，

$$\overline{s}(t)=\begin{cases} s(v) & \text{当 } t \text{ 为变元 } v \text{ 时} \\ \overline{a} & \text{当 } t \text{ 为常元 } a \text{ 时} \\ \overline{f}^{(n)}(\overline{s}(t_1),\cdots,\overline{s}(t_n)) & \text{当 } t \text{ 为 } n \text{ 元函词 } f^{(n)}(t_1,\cdots,t_n) \text{ 时} \end{cases}$$

由此可见指派 s 与解释 I 是相对独立的，但指派 $\overline{s}$ 却是依赖于解释 I 的。

有了结构 $U=<D,I>$ 及指派 s，于是对公式 A 在结构 $U=<D,I>$ 及指派 s 下取值为真记为 $\vDash_U A[s]$，反之则记为 $\nvDash_U A[s]$。而 $\vDash_U A$ 则表示在结构 U 中，对一切可能的指派 s，公式 A 均为真；而 $\vDash A$ 或 $\vDash_T A$ 则表示公式 A 在任何结构中均为真，即公式 A 永真。

除了解释和指派外，另外还需要对量词、联结词的意义做出规定。下面根据公式 A 的组成给出下列递归定义来明确 $\models_U A[s]$ 的严格定义。

3. $\models_U A[s]$ 的严格定义

（1）当 A 为原子公式 $P^{(n)}(t_1,\cdots,t_n)$ 时

$$\models_U A[s] \quad iff \ <\bar{s}(t_1),\cdots,\bar{s}(t_n)>\in \overline{P}^{(n)}$$

即此时 n 元谓词所描述的 n 元关系成立。

（2）当 A 为公式 $\neg B$ 时

$$\models_U A[s] \quad iff \quad \not\models_U B[s]$$

（3）当 A 为公式 $B\rightarrow C$ 时

$$\models_U A[s] \quad iff \quad \not\models_U B[s] \quad 或 \quad \models_U C[s]$$

（4）当 A 为公式 $\forall vB$ 时

$$\models_U A[s] \quad iff \ 对每一个 d\in D 有 \models_U B[s(v\mid d)]$$

其中指派 $s(v\mid d)$ 表示除了对变元 v 用指定元素 d 赋值外，对其他变元的指派与 s 相同。

当我们使用联结词 $\vee$，$\wedge$ 和存在量词 $\exists$ 时，可补充如下规定：

（1）$\models_U B\vee C[s] \quad iff \ \models_U B[s]$ 或 $\models_U C[s]$；

（2）$\models_U B\wedge C[s] \quad iff \ \models_U B[s]$ 且 $\models_U C[s]$；

（3）$\models_U \exists vB[s] \quad iff$ 存在 $d\in D$ 使得 $\models_U B[s(v\mid d)]$。

例 5.3.4 证明 $\models_U \neg\forall v\neg B[s] \quad iff \ \models_U \exists vB[s]$。

证明

$\models_U \neg\forall v\neg B[s]$

$iff \ \not\models_U \forall v\neg B[s]$

iff 并非对 $\forall d\in D$，均有

$$\models_U \neg B[s(v\mid d)]$$

iff 存在 $d' \in D$ 使得

$$\not\models_U \neg B[s(v \mid d')]$$

iff 存在 $d' \in D$ 使得 $\models_U B[s(v \mid d')]$，即

$$\models_U \exists vB[s]$$

例 5.3.5　设论域 D 为自然数集 N；

一元函词 $\overline{f}(x) = x + 1$，即 N 上的后继函数；

二元谓词 $\overline{P}(x,y): x \leqslant y$，即 N 上的“小于等于”二元关系；

常元 $\overline{a} = 0$

则在此结构 U 下有如下结论：

(1) 当公式 $A = P(a, f(x))$ 时，则有 $\models_U A$；

(2) 当公式 $A = P(f(x), a)$ 时，则有 $\not\models_U A$；

(3) 当公式 $A = \forall xP(a,x)$ 时，则有 $\models_U A$；

(4) 当公式 $A = \forall x \exists yP(f(x),y)$ 时，则有 $\models_U A$；

(5) 当公式 $A = \exists yP(f(y),y)$ 时，则有 $\not\models_U A$；

由(4)(5)可以看出由 $\forall x \exists yP(f(x),y)$ 为真推导不出 $\exists yP(f(y),y)$ 成立，事实上根据公理 $\forall x \exists yP(f(x),y) \to \exists yP(f(x),y)^x_t$，它的成立是有条件的，即要求这里的项 t 对变元 x 是可代入的，如果项 $t = y$，则有

$$\exists yP(f(x),y)^x_t = \exists yP(f(x),y)^x_{t=y} = \exists yP(f(y),y)$$

但由于此时项 t 中含有公式 $\exists yP(f(x),y)$ 中的约束变元 y，故此时不满足代入的条件，因此不满足 $\forall x \exists yP(f(x),y) \to \exists yP(f(x),y)^x_t$ 的成立条件了。

例 5.3.6　证明 FC 的公理 A 在所有的语义结构里均真，即有 $\models_T A$。

(1) 对任意的结构 U 和指派 s，对第一组公理 $AX1.1, AX1.2, AX1.3$ 中的公式 A, B, C 在结构 U 和指派 s 的作用下均取得唯一确

定的真值（真或假），根据 PC 的知识，此时每个公理均为真。

(2) 证 $\vDash_T \forall vA \to A_t^v$（项 t 对 v 可代入）。

只需证对任意的结构 U 和指派 s，若 $\vDash_U \forall vA[s]$ 则必有 $\vDash_U A_t^v[s]$。由 $\vDash_U \forall vA[s]$ 知对 $\forall d \in D$ 有 $\vDash_U A[s(v \mid d)]$，根据 d 的任意性，特取 $d = \bar{s}(t)$，则有 $\vDash_U A[s(v \mid \bar{s}(t))]$，这里指派 $s(v \mid \bar{s}(t))$ 表示对公式 A 中除了变元 v 用 $\bar{s}(t)$ 指派以外，其余的变元由 s 指派，这等同于在公式 A 中将变元 v 用项 t 代入后（只要 t 对 v 可代入即可）所得的公式 A_t^v 中实施指派 s，从而 $\vDash_U A[s(v \mid \bar{s}(t))]$ 即为 $\vDash_U A_t^v[s]$。

(3) 证 $\vDash_T \forall v(A \to B) \to (\forall vA \to \forall vB)$（项 t 对 v 可代入）。

只需证对任意的结构 U 和指派 s，若 $\vDash_U \forall v(A \to B)[s]$ 及 $\vDash_U \forall vA[s]$ 时则必有 $\vDash_U \forall vB[s]$。由 $\vDash_U \forall v(A \to B)[s]$，对 $\forall d \in D$ 有 $\vDash_U A \to B[s(v \mid d)]$，则有 $\nvDash_U A[s(v \mid d)]$ 或 $\vDash_U B[s(v \mid d)]$；又由 $\vDash_U \forall vA[s]$ 知对 $\forall d \in D$ 有 $\vDash_U A[s(v \mid d)]$，从而必有对 $\forall d \in D$ 有 $\vDash_U B[s(v \mid d)]$，即 $\vDash_U \forall vB[s]$。

(4) 证 $\vDash_T A \to \forall vA$（变元 v 在 A 中无自由出现）。

只需证对任意的结构 U 和指派 s，若 $\vDash_U A[s]$ 则必有 $\vDash_U \forall vA[s]$。由 $\vDash_U A[s]$ 及变元 v 在 A 中无自由出现，则对 $\forall d \in D$，指派 s 将变元 v 指派为 d，不会影响 A 的真值，即此时对 $\forall d \in D$，仍有 $\vDash_U A[s(v \mid d)]$，即 $\vDash_U \forall vA[s]$。

有了公式 A 在结构 $U = < D, I >$ 及指派 s 下取值为真的定义，下面可以仿照 PC 中的逻辑蕴涵与逻辑等价给出一阶谓词演算相应的概念。

4. 逻辑蕴涵与逻辑等价

设 Γ 为 FC 的任意公式集，B 为 FC 的公式，若对任意使得 Γ 中每个公式均为真的结构 U 及指派 s，也使得 B 为真即有 $\models_U B[s]$，则称 Γ 逻辑蕴涵 B，记为 $\Gamma \models_T B$ 或 $\Gamma \models B$。若 $\Gamma=\{A\}$，则有 $A \models_T B$，称作 A 逻辑蕴涵 B，若同时还有 $B \models_T A$，则称 A,B 逻辑等价。

5.4　FC 的性质定理

下面给出几个关于一阶谓词演算 FC 的系统特性的重要元定理，包括 FC 的合理性、一致性及完备性定理。

定理 5.4.1　FC 是合理的：对 FC 中的任一公式 A，如果 $\vdash_{FC} A$，则有 $\models_T A$。

证明　由 $\vdash_{FC} A$ 知在 FC 中存在一个证明序列 $A_1, A_2, \cdots, A_m (= A)$，由于该证明序列的出发点为公理是永真的，同时所使用的推理规则 r_{mp} 具有保真性，因此使得该序列中的每一个公式均为永真，当然包括了结论 A_m（即 A）也为永真，即 $\models_T A$。

FC 的合理性还可以推广到更一般的情况：

定理 5.4.2　设 Γ 为 FC 的公式集，A 为 FC 的公式，若 $\Gamma \vdash_{FC} A$，则有 $\Gamma \models_T A$。

证明　设 $\Gamma \vdash_{FC} A$，下证对任意使得 Γ 中的每个公式都为真的结构 U 和指派 s，必有 $\models_U A[s]$。

令 $A_1, A_2, \cdots, A_m (=A)$ 是公式 A 从 Γ 出发在 FC 中得出的演绎序列，施归纳于 m。当 $m=1$ 时，$A_m=A$ 或为公理或为 Γ 中的成员，显然有 $\models_U A[s]$。

假设当 $m<k$ 时，命题成立。则当 $m=k$ 时，$A_m=A$ 或为公理或为 Γ 中的成员或为 $A_l (l<k)$ 或为 $A_i, A_j (i,j<k)$ 通过分离规则 r_{mp} 所得。若 A_m 为公理或为 Γ 中的成员，则显然有 $\models_U A[s]$；若 A_m 为 $A_l (l<k)$，则由归纳假设知 $\models_U A[s]$；若 A_m 为 $A_i, A_j (i,j<k)$ 通过

分离规则 r_{mp} 所得，不妨设 $A_j = A_i \to A_m$，由归纳假设知 $\models_U A_i[s]$，$\models_U A_j[s]$ 即 $\models_U A_i \to A_m[s]$，从而 $\models_U A_m[s]$ 即 $\models_U A[s]$，因此 $\Gamma \models_T A$。

由 FC 的合理性定理可以给出若干相关推论：

推论 5.4.1 对 FC 中的公式 A,B，若 $A \dashv\vdash B$（A,B 演绎等价），即 $A \vdash B$ 且 $B \vdash A$，则有 A,B 逻辑等价，即 $A \models_T B$ 且 $B \models_T A$。

证明 由 $A \vdash B$，根据合理性定理得 $A \models_T B$，同理，由 $B \vdash A$ 得 $B \models_T A$。

推论 5.4.2 在 FC 中，若 A' 是 A 的改名式，且 A' 改用的变元不在 A 中出现，则 A,A' 逻辑等价。

证明 根据改名定理有 $A \dashv\vdash A'$，则由推论 5.4.1 知 A,A' 逻辑等价。

推论 5.4.3 设 A,B 为 FC 的公式，且满足 $A \dashv\vdash B$（即 $A \vdash B$ 且 $B \vdash A$）。A 是 C 的子公式，D 是将公式 C 中若干个（未必全部）A 的出现换为公式 B 所得的公式，则 C,D 逻辑等价。

证明 根据替换原理有 $C \dashv\vdash D$，则由推论 5.4.1 知 C,D 逻辑等价。

此外，系统的合理性还蕴涵系统的一致性，因此可有下列的一致性定理。

定理 5.4.3 FC 是一致的：在 FC 中不存在公式 A，使 $\vdash A$ 及 $\vdash \neg A$ 同时成立。

证明 若 $\vdash A$ 及 $\vdash \neg A$ 同时成立，则根据合理性有：$\models_T A$ 及 $\models_T \neg A$，即公式 A 及 $\neg A$ 均永真，这是不可能的。

由 FC 的合理性还可推证 FC 的不完全性。

定理 5.4.4 FC 是不完全的，即存在 FC 的公式 A，使 $\vdash A$ 及 $\vdash \neg A$ 都不成立。

证明　设公式 A 为原子公式 $P(x)$，则 $\vdash P(x)$ 及 $\vdash \neg P(x)$ 均不成立，否则将有 $\models_T P(x)$ 或 $\models_T \neg P(x)$ 之一成立，但这是不可能的，因为总可以找到一个 $U=<D,I>$，使得公式 $P(x)$ 在某些指派 s 不真，还有某些指派 s 使得 $\neg P(x)$ 不真。

关于 FC 的一致扩充有如下定理：

定理 5.4.5　FC 的不一致扩充必定是完全的，但至少有一公式不是 FC 的一致扩充的定理。特别地，当公式集 Γ 不一致时，扩充 $Th(\text{FC} \cup \Gamma)$ 是完全的；当公式集 Γ 一致时，至少有一公式 A 使得 $A \notin Th(\text{FC} \cup \Gamma)$。

证明同 PC 中的相关证明。

下面给出 FC 的完备性定理：FC 是完备的。也就是说，所有永真式均为 FC 的定理，Gödel 首先发现并证明了这一事实，下面的定理 5.4.6 即为著名的 Gödel 完备性定理。

定理 5.4.6　FC 是完备的：对 FC 中的任一公式 B，如果 $\models_T B$，则有 $\vdash_{\text{FC}} B$。更一般地，设 Γ 为 FC 的公式集，B 为 FC 的公式，若 $\Gamma \models_T B$，则有 $\Gamma \vdash_{\text{FC}} B$。

该定理的证明比较复杂，其主要工作是要完成由 FC 的公式集 Γ 的一致性来推得 Γ 的可满足性。在证明定理 5.4.6 之前，先给出以下几个引理。

引理 5.4.1　设 FC 的公式集 Γ 是一致的，且 $\Gamma \nvdash A$，则 $\Gamma \cup \{\neg A\}$ 也是一致的。

该引理的证明同 PC 中的相关证明。

引理 5.4.2　设 $L'=L \cup C$，其中 L 为一阶语言，集合 C 为由可列多个常元 $c_1, c_2, c_3, \cdots$ 组成，且常元 $c_i(i=1,2,3,\cdots)$ 不在 L 中出现，若 Γ 是 L 中一致的公式集，则 Γ 在 L' 中仍然一致。

证明　假设 Γ 在 L' 中不一致，则存在公式 $\alpha \in L'$，使得 $\Gamma \vdash \alpha$ 及

$\Gamma \vdash \neg\alpha$。则存在从 Γ 出发推出 α 和 $\neg\alpha$ 的演绎序列如下：

$$\alpha_1, \alpha_2, \cdots, \alpha_n (= \alpha)$$

$$\beta_1, \beta_2, \cdots, \beta_m (= \neg\alpha)$$

由演绎序列长度的有限性知在 $\alpha_i (1 \leqslant i \leqslant n)$ 与 $\beta_j (1 \leqslant j \leqslant m)$ 中出现 C 中的个体常元符号为有限多个，设为 $c_1, c_2, \cdots, c_k$，同理在 $\alpha_i (1 \leqslant i \leqslant n)$ 与 $\beta_j (1 \leqslant j \leqslant m)$ 中出现的自由变元的个数也为有限多个，从而总有无限多个不在 α_i 与 β_j 中出现的个体变元符号，任取其中 k 个记为 $y_1, y_2, \cdots, y_k$，由于 L' 与 L 的差别仅在于常元的区别，因此有 $y_l \in L (1 \leqslant l \leqslant k)$。

将上述演绎序列中公式 α_i 与 β_j 里的常元 $c_1, c_2, \cdots, c_k$ 分别换为 $y_1, y_2, \cdots, y_k$，记为 $\alpha_i (c_1/y_1, c_2/y_2, \cdots, c_k/y_k)$ 与 $\beta_j (c_1/y_1, c_2/y_2, \cdots, c_k/y_k)$，则由定理 5.2.13 知，替换之后的序列即为由 Γ 出发推出公式 $\alpha_n (c_1/y_1, c_2/y_2, \cdots, c_k/y_k)$ 与 $\beta_m (c_1/y_1, c_2/y_2, \cdots, c_k/y_k)$ 的演绎序列，则有

$$\Gamma \vdash \alpha_n (c_1/y_1, c_2/y_2, \cdots, c_k/y_k)$$

$$\Gamma \vdash \beta_m (c_1/y_1, c_2/y_2, \cdots, c_k/y_k)$$

即

$$\Gamma \vdash \alpha (c_1/y_1, c_2/y_2, \cdots, c_k/y_k)$$

$$\Gamma \vdash \neg\alpha (c_1/y_1, c_2/y_2, \cdots, c_k/y_k)$$

显然这里的公式 $\alpha (c_1/y_1, c_2/y_2, \cdots, c_k/y_k)$ 与 $\neg\alpha (c_1/y_1, c_2/y_2, \cdots, c_k/y_k)$ 均为 L 中的公式，从而 Γ 在 L 中不一致，矛盾。因此原假设不成立，这表明 Γ 在 L' 中仍然一致。

引理 5.4.3 设 Γ 为 $L(\mathrm{FC})$ 上的一致公式集，L' 同引理 5.4.2 中的定义，则存在 $L'(\mathrm{FC})$ 上的公式集 Σ' 使得 Σ' 一致。

证明 对 L' 中的每一公式 α 及每一变元 v，根据 L' 的可列性，建立有序二元对：$< v_0, \alpha_0 >$，$< v_1, \alpha_1 >$，$< v_2, \alpha_2 >$，$\cdots$，$< v_n, \alpha_n >$，$\cdots$

令：$\Sigma_0 = \Gamma$

$\Sigma_1 = \Sigma_0 \cup \{\neg \forall v_0 \alpha_0 \rightarrow \neg \alpha_0{}_{c_0}^{v_0}\}$，其中 c_0 不在 α_0 及 Σ_0 中出现

……

$\Sigma_{n+1} = \Sigma_n \cup \{\neg \forall v_n \alpha_n \rightarrow \neg \alpha_n{}_{c_n}^{v_n}\}$，其中 c_n 不在 α_n 及 Σ_n 中出现

显然有

$$\Sigma_0 \subseteq \Sigma_1 \subseteq \Sigma_2 \subseteq \cdots \subseteq \Sigma_k \subseteq \cdots$$

下面对 k 进行归纳证明 Σ_k 是 L' 中的一致公式集。

(1) 当 $k=0$ 时，$\Sigma_0 = \Gamma$，由引理 5.4.2 知 Σ_0 是 L' 中的一致公式集。

(2) 假设当 $k=n$ 时，Σ_n 是 L' 中的一致公式集。

则当 $k=n+1$ 时，$\Sigma_{n+1} = \Sigma_n \cup \{\neg \forall v_n \alpha_n \rightarrow \neg \alpha_n{}_{c_n}^{v_n}\}$，其中 c_n 不在 α_n 及 Σ_n 中出现。若 Σ_{n+1} 不一致，则根据的构造必有 $\Sigma_n \vdash \neg(\neg \forall v_n \alpha_n \rightarrow \neg \alpha_n{}_{c_n}^{v_n})$。因为若 $\Sigma_n \nvdash \neg(\neg \forall v_n \alpha_n \rightarrow \neg \alpha_n{}_{c_n}^{v_n})$，则由引理 5.4.1 知 $\Sigma_n \cup \neg(\neg(\neg \forall v_n \alpha_n \rightarrow \neg \alpha_n{}_{c_n}^{v_n}))$ 一致，即 Σ_{n+1} 一致，矛盾。故当 Σ_{n+1} 不一致时必有 $\Sigma_n \vdash \neg(\neg \forall v_n \alpha_n \rightarrow \neg \alpha_n{}_{c_n}^{v_n})$ 成立。

由 $(\forall v_n \alpha_n \rightarrow (\neg \forall v_n \alpha_n \rightarrow \neg \alpha_n{}_{c_n}^{v_n})) \rightarrow (\neg(\neg \forall v_n \alpha_n \rightarrow \neg \alpha_n{}_{c_n}^{v_n} \rightarrow \neg \forall v_n \alpha_n)$ 为定理，及 $\forall v_n \alpha_n \rightarrow (\neg \forall v_n \alpha_n \rightarrow \neg \alpha_n{}_{c_n}^{v_n})$ 为定理（由 $\neg \forall v_n \alpha_n \rightarrow (\forall v_n \alpha_n \rightarrow \neg \alpha_n{}_{c_n}^{v_n})$ 为定理及定理 3.1.6 即可知），则根据上述公式及分离规则得：$\Sigma_n \vdash \neg \forall v_n \alpha_n$。

又由 $(\neg \alpha_n{}_{c_n}^{v_n} \rightarrow (\neg \forall v_n \alpha_n \rightarrow \neg \alpha_n{}_{c_n}^{v_n})) \rightarrow (\neg(\neg \forall v_n \alpha_n \rightarrow \neg \alpha_n{}_{c_n}^{v_n}) \rightarrow \alpha_n{}_{c_n}^{v_n})$ 为定理，及 $\neg \alpha_n{}_{c_n}^{v_n} \rightarrow (\neg \forall v_n \alpha_n \rightarrow \neg \alpha_n{}_{c_n}^{v_n})$ 为公理，则由分离规则得 $\Sigma_n \vdash \alpha_n{}_{c_n}^{v_n}$。由于这里 $\alpha_n{}_{c_n}^{v_n}$ 中常元 c_n 不在前提集 Σ_n 中出现，则由定理 5.2.13 知 $\Sigma_n \vdash \forall v(\alpha_n{}_{c_n}^{v_n})_v^{c_n}$，即 $\Sigma_n \vdash \forall v\alpha_n$，其中变元 v 不在 Σ_n 中出现。又由改名定理知 $\forall v\alpha_n \vdash\dashv \forall v_n \alpha_n$，从而 $\Sigma_n \vdash \forall v_n \alpha_n$，与

$\Sigma_n \vdash \neg \forall v_n \alpha_n$ 矛盾，所以当 $k=n+1$ 时 Σ_{n+1} 一致。从而 Σ_k 是 L' 中的一致公式集。

令 $\Sigma' = \bigcup_{n \in N} \Sigma_n$，则 Σ' 为 L' 中的一致公式集。否则，根据 Σ_n 的构造知存在充分大的 n 使得 Σ_n 不一致，这与上述证明是矛盾的。

引理 5.4.4 设 Γ 是 FC 的一致的公式集，则存在公式集 Δ，使得 $\Gamma \subseteq \Delta$，Δ 是一致的且完全的。

证明 设 $\alpha_0, \alpha_1, \cdots, \alpha_n, \cdots$ 为 FC 的全体公式的一个枚举，令：

$\Delta_0 = \Sigma'$

……

$$\Delta_{n+1} = \begin{cases} \Delta_n \cup \{\alpha_n\} & if\ \Delta_n \vdash \alpha_n \\ \Delta_n \cup \{\neg \alpha_n\} & if\ \Delta_n \nvdash \alpha_n \end{cases}$$

$$\Delta = \bigcup_{i=0}^{\infty} \Delta_i$$

则 Δ 是一致的、完全的，且对任意公式 α，$\alpha \in \Delta$ 当且仅当 $\Delta \vdash \alpha$。其具体的证明过程参见 PC 中相关定理的证明。

引理 5.4.5 在 L 中，存在结构 U^* 及指派 s^*，使得对 FC 中任意公式 α，有 $\vDash_{U^*} \alpha[s^*]$ 当且仅当 $\alpha \in \Delta$。

证明

1. 构造结构 $U^* = < D^*, I^* >$ 及指派 s^*。

设 D^* 为 L 中所有项的集合。

解释 I^*：$I^*(c) = \bar{c} = c$。

$I^*(f^{(m)}) = \overline{f^{(m)}} = f^{(m)}(t_1, \cdots, t_m)$，即将每个 m 元函词符号 $f^{(m)}$ 解释为 D^* 上的一个 m 元函数。

$I^*(P^{(n)}) = \overline{P^{(n)}} = \{< t_1, \cdots, t_n > \vdash t_i \in D^*, i=1, \cdots, n$，且 $P^{(n)}(t_1, \cdots, t_m) \in \Delta\}$，即将每个 n 元谓词符号 $P^{(n)}$ 解释为 D^* 上的一个 n 元关系。

指派 s^*：

$s^*:\{v_0,v_1,\cdots,v_n,\cdots\}\rightarrow D^*, s^*(v_i)=v_i$

则对任意项 $t\in D^*$，有 $s^*(t)=t$。下面根据 t 的组成归纳证之：

（1）当 t 为个体变元时，显然成立。

（2）当 t 为个体常元时，$s^*(c)=\overline{c}=c$。

（3）当$t=f^{(m)}(t_1,\cdots,t_m)$元时，根据归纳假设对项 t_i 有$s^*(t_i)=t_i$，则 $s^*(f^{(m)})=\overline{f^{(m)}}(s^*(t_1),\cdots,s^*(t_m))=f^{(m)}(t_1,\cdots,t_m)=t$。

2. 下证对 FC 中任意公式 α，$\models_{U^*}\alpha[s^*]$ 当且仅当 $\alpha\in\Delta$。

下面根据公式 α 的结构归纳证明：

（1）当 α 为原子公式时，设 $\alpha=P^{(n)}(t_1,\cdots,t_n)$，则

$$\models_{U^*}P^{(n)}(t_1,\cdots,t_n)[s^*]$$

$\Leftrightarrow<s^*(t_1),\cdots,s^*(t_n)>\in P^{(n)}\Leftrightarrow<t_1,\cdots,t_n>\in\overline{P^{(n)}}$

$\Leftrightarrow P^{(n)}(t_1,\cdots,t_n)\in\Delta$，即 $\alpha\in\Delta$。

（2）当 $\alpha=\neg\beta$ 时，对公式 β 归纳假设 $\models_{U^*}\beta[s^*]\Leftrightarrow\beta\in\Delta$，则

$\models_{U^*}\alpha[s^*]\Leftrightarrow\models_{U^*}\neg\beta[s^*]\Leftrightarrow\not\models_{U^*}\beta[s^*]\Leftrightarrow\beta\notin\Delta\Leftrightarrow\neg\beta\in\Delta$，即 $\alpha\in\Delta$。

（3）当 $\alpha=\beta\rightarrow\gamma$ 时，对公式 β 与 γ 分别归纳假设 $\models_{U^*}\beta[s^*]\Leftrightarrow\beta\in\Delta$，$\models_{U^*}\gamma[s^*]\Leftrightarrow\gamma\in\Delta$，则

$\models_{U^*}\alpha[s^*]\Leftrightarrow\models_{U^*}\beta\rightarrow\gamma[s^*]\Leftrightarrow\not\models_{U^*}\beta[s^*]$ 或 $\models_{U^*}\gamma[s^*]\Leftrightarrow\beta\notin\Delta$ 或 $\gamma\in\Delta\Leftrightarrow\neg\beta\in\Delta$ 或 $\gamma\in\Delta\Leftrightarrow\beta\rightarrow\gamma\in\Delta$（证明同 PC 中相关结论的证明方法），即 $\alpha\in\Delta$。

（4）当 $\alpha=\forall v\beta$ 时，对公式 β 归纳假设 $\models_{U^*}\beta[s^*]\Leftrightarrow\beta\in\Delta$。

先证：若 $\models_{U^*}\forall v\beta[s^*]$，则 $\forall v\beta\in\Delta$。

由 $\models_{U^*}\forall v\beta\rightarrow\beta_c^v[s^*]$，其中 c 不在 β 中出现，则由归纳假设知 $\models_{U^*}\beta_c^v[s^*]$。

由 $\vDash_{U^*}\beta_c^v[s^*]\Rightarrow\beta_c^v\in\Delta\Rightarrow\neg\beta_c^v\notin\Delta$，又 $\neg\forall v\beta\to\neg\beta_c^v\in\Delta$，则由 $\neg\beta_c^v\notin\Delta$ 可得 $\neg\forall v\beta\notin\Delta$，从而 $\forall v\beta\in\Delta$，即 $\alpha\in\Delta$。

再证：若 $\forall v\beta\in\Delta$，则 $\vDash_{U^*}\forall v\beta[s^*]$。

欲证 $\vDash_{U^*}\forall v\beta[s^*]$，只需证对任意项 $t\in D^*$ 有 $\vDash_{U^*}\beta[s^*(v/t)]$，即只需证 $\vDash_{U^*}\beta_t^v[s^*]$。

由 $\forall v\beta\in\Delta\Rightarrow\Delta\vdash\forall v\beta$，又 $\forall v\beta\to\beta_t^v$，其中对任意的项 t 对 v 要求可代入。若项 t 含有公式 β 中的约束变元，此时为了保证项 t 对 v 可代入，可对 β 中相应的约束变元运用改名定理进行改名即可。从而 $\Delta\vdash\beta_t^v$，则 $\beta_t^v\in\Delta$，由归纳假设知 $\vDash_{U^*}\beta_t^v[s^*]$。

综上，对 FC 中任意公式 α，有 $\vDash_{U^*}\alpha[s^*]$，当且仅当 $\alpha\in\Delta$。

根据上述各引理，下面来完成 FC 的完备性的证明：

不妨设 Γ 是 FC 的一致的公式集，若 $\Gamma\nvdash_{FC}B$，则由引理 5.4.1 知 $\Gamma\cup\{\neg B\}$ 也是一致的，从而根据引理 5.4.4 知存在一致且完全的公式集 Δ，使得 $\Gamma\cup\{\neg B\}\subseteq\Delta$，再由引理 5.4.5 知存在结构 U^* 及指派 s^*，使得对任意的公式 $\alpha\in\Delta$，有 $\vDash_{U^*}\alpha[s^*]$ 成立，而 $\neg B\in\Delta$，所以 $\vDash_{U^*}\neg B[s^*]$ 成立，即 $\nvDash_{U^*}B[s^*]$。又 $\Gamma\subseteq\Delta$，所以对任意公式 $A\in\Gamma$ 均有 $\vDash_{U^*}A[s^*]$，又 $\Gamma\vDash_T B$，则由逻辑蕴涵的定义知 $\vDash_{U^*}B[s^*]$，与 $\nvDash_{U^*}B[s^*]$ 矛盾。

FC 的性质定理反映了一阶谓词逻辑的语义与语构之间的内在关系，如合理性和完备性将形式系统的可推演性这一语法概念与逻辑蕴涵这一语义概念联系起来，并且建立了它们之间的等价性。应用合理性和完备性的系统性质定理，能得到许多重要的结果，其中包括紧致性定理、Löwenheim-Skolem 定理和 Herbrand 定理等。相关的结论不在本书所关心的范畴内，感兴趣的读者可以去参阅相关文献。

例 5.4.1　利用 FC 的性质定理证明如下结论：设 Γ 为 FC 的公式集，A，B 为 FC 的公式，则 $\Gamma;A\models_T B$ 当且仅当 $\Gamma\models_T A\rightarrow B$。

证明

$\Rightarrow$：由 $\Gamma;A\models_T B$，根据 FC 的完备性有 $\Gamma;A\vdash B$，又由演绎定理可得 $\Gamma\vdash A\rightarrow B$，则由合理性得 $\Gamma\models_T A\rightarrow B$。

$\Leftarrow$：由 $\Gamma\models_T A\rightarrow B$，根据 FC 的完备性有 $\Gamma\vdash A\rightarrow B$，又由演绎定理可得 $\Gamma;A\vdash B$，则由合理性得 $\Gamma;A\models_T B$。

当然这里也可以直接从 FC 的语义出发，根据逻辑蕴涵的定义来做。

5.5　其他形式的一阶谓词演算系统

前面通过对一个简洁的一阶谓词演算形式系统 FC 的讨论，对一阶谓词演算有一个本质、清晰的认识，但在实际应用中使用这样一个系统是不方便的。因此，本节从实用的角度介绍两个更理想一些的一阶谓词演算系统，使得系统的表述方便性更强，同时使得系统的推理更加直观。

5.5.1　FCM 谓词演算系统

先介绍一个使用 5 个逻辑联结词和两个量词的一阶谓词演算形式系统。这种系统一般就是对 FC 直接进行扩充得到的，即一阶语言部分增加逻辑联结词 $\vee$，$\wedge$，$\leftrightarrow$ 及存在量词 $\exists$，与此相对应，对公式的定义也做相应的添加，同时公理部分当然也要相应地增加公理模式，例如：

$(A\vee B)\rightarrow(\neg A\rightarrow B)$

$(\neg A\rightarrow B)\rightarrow(A\vee B)$

$(A \wedge B) \to \neg(\neg A \vee \neg B)$

$\neg(\neg A \vee \neg B) \to (A \wedge B)$

$(A \leftrightarrow B) \to ((A \to) \wedge (B \to A))$

$((A \to B) \wedge (B \to A)) \to (A \leftrightarrow B)$

$\exists vA \leftrightarrow \neg \forall v \neg A$

显然这里由于联结词、量词的增加，使系统的表达方便性增强了，但这种简单的扩充对推理来说并未带来多少便利，因为上述做法完全可以看作对 $\vee$，$\wedge$，$\leftrightarrow$ 及 $\exists$ 的补充定义，或者说仅把 $\vee$，$\wedge$，$\leftrightarrow$ 及 $\exists$ 看作缩写记号而已，因此需要重新系统地引入新公理。下面介绍莫绍揆教授提出的、使用五个逻辑联结词和两个量词的一阶谓词演算形式系统，简称为 FCM。

对于 FCM 的一阶语言部分做同样地添加，其公理部分包括以下七组公理模式及其全称化：

第一组(关于蕴涵词 $\to$)

(1.1)$A \to A$

(1.2)$(A \to (B \to C)) \to (B \to (A \to C))$

(1.3)$(A \to B) \to ((B \to C) \to (A \to C))$

(1.4)$(A \to (A \to B)) \to (A \to B)$

第二组(关于双条件词 $\leftrightarrow$)

(2.1)$(A \leftrightarrow B) \to (A \to B)$

(2.2)$(A \leftrightarrow B) \to (B \to A)$

(2.3)$(A \to B) \to ((B \to A) \to (A \leftrightarrow B))$

第三组(关于析取词 $\vee$)

(3.1)$A \to (A \vee B)$

(3.2)$B \to (A \vee B)$

(3.3)$(A \to C) \to ((B \to C) \to ((A \vee B) \to C))$

第四组(关于合取词 $\wedge$)

(4.1)$A \wedge B \to A$

(4.2)$A \wedge B \to B$

(4.3)$A \to (B \to A \wedge B)$

第五组(关于否定词 $\neg$)

(5.1)$(A \to \neg B) \to (B \to \neg A)$

(5.2)$\neg\neg A \to A$

第六组(关于全称量词 $\forall$)

(6.1)$\forall vA \to A_t^v$(项 t 对 v 可代入)

(6.2)$\forall v(A \to B) \to (\forall vA \to \forall vB)$

(6.3)$A \to \forall vA$(v 在 A 中无自由出现)

第七组(关于存在量词 $\exists$)

(7.1)$\exists vA \to \neg \forall v \neg A$

(7.2)$\neg \forall v \neg A \to \exists vA$

FCM 的推理规则仍为分离规则 r_{mp}。

下面通过几个例子来说明 FCM 系统内的逻辑推演。

例 5.5.1　对 FCM 中的任意公式 A,B,C,证明:

(1) $\vdash_{\mathrm{FCM}} A \to ((A \to B) \to B)$

(2) $\vdash_{\mathrm{FCM}} ((A \vee B) \vee) C \to (A \vee (B \vee C))$

(3) $\vdash_{\mathrm{FCM}} (A \to \neg A) \to \neg A$

证(1) $\vdash_{\mathrm{FCM}} A \to ((A \to B) \to B)$:

①$(A \to B) \to (A \to B)$　公理 1.1

②$((A \to B) \to (A \to B)) \to (A \to ((A \to B) \to B))$　公理 1.2

③$A \to ((A \to B) \to B)$　①②r_{mp}

证(2) $\vdash_{\mathrm{FCM}} ((A \vee B) \vee C) \to (A \vee (B \vee C))$

①$A \to (A \vee (B \vee C))$　公理 3.1

②$B \to (B \vee C)$　公理 3.1

③$(B \vee C) \to (A \vee (B \vee C))$　公理 3.2

④$B \to (A \vee (B \vee C))$　②③ 公理 1.3r_{mp}

⑤$(A \vee B) \to (A \vee (B \vee C))$　①④ 公理 3.3r_{mp}

⑥$C \to (B \vee C)$　公理 3.2

⑦$C \to (A \vee (B \vee C))$　⑥③ 公理 1.3r_{mp}

⑧$(A \vee B) \vee C \to (A \vee (B \vee C))$　⑤⑦ 公理 3.3r_{mp}

证(3)　$\vdash_{\mathrm{FCM}} (A \to \neg A) \to \neg A$

①$(A \to \neg A) \to (A \to \neg A)$　公理 1.1

②$A \to ((A \to \neg A) \to \neg A$　① 公理 1.2r_{mp}

③$((A \to \neg A) \to \neg A) \to (A \to \neg(A \to \neg A))$　公理 5.1

④$A \to (A \to \neg(A \to \neg A))$　②③ 公理 1.3r_{mp}

⑤ $(A \to (A \to \neg(A \to \neg A))) \to (A \to \neg(A \to \neg A))$

公理 1.4

⑥$A \to \neg(A \to \neg A)$　④⑤r_{mp}

⑦$(A \to \neg(A \to \neg A)) \to ((A \to \neg A) \to \neg A)$　公理 5.1

⑧$(A \to \neg A) \to \neg A$　⑥⑦r_{mp}

例 5.5.2　设 A 为 FCM 的公式，项 t 对变元 v 可代入，证明 $A_t^v \to \exists vA$ 是 FCM 的定理，即 $\vdash_{\mathrm{FCM}} A_t^v \to \exists vA$。

证明

(1) $\forall v \neg A \to \neg A_t^v$　公理 6.1

(2) $(\forall v \neg A \to \neg A_t^v) \to (A_t^v \to \neg \forall v \neg A)$　公理 5.1

(3) $A_t^v \to \neg \forall v \neg A$　(1)(2)r_{mp}

(4) $\neg \forall v \neg A \to \exists vA$　公理 7.2

(5) $A_t^v \to \exists vA$　(3)(4) 公理 1.3r_{mp}

下面是一些 FCM 中给出的导出规则，使用它们可以使推理更加快捷。

全$_0$ 规则：若 $\Gamma \vdash_{FCM} A$，则 $\Gamma \vdash_{FCM} \forall vA$，$v$ 在 Γ 中无自由出现。

全$_n$ 规则：若 $\Gamma \vdash_{FCM} A_1 \to (A_2 \to \cdots \to (A_n \to B)\cdots)$，则

$$\Gamma \vdash_{FCM} A_1 \to (A_2 \to \cdots \to (A_n \to \forall vB)\cdots)$$

其中 v 在 Γ 及 $A_1, A_2, \cdots, A_n$ 中无自由出现。

存规则：若 $\Gamma \vdash_{FCM} A \to B$，则 $\Gamma \vdash_{FCM} \exists vA \to B$，$v$ 在 Γ 及 B 中无自由出现。

例 5.5.3　证明对 FCM 中任意的公式 A，B，且变元 v 在 B 中无自由出现，则

$$\forall v(A \to B) \dashv\vdash \forall vA \to B$$

证明

先证 $\forall v(A \to B) \vdash \exists vA \to B$。

(1) $\forall v(A \to B) \to (A \to B)$　公理 6.1

(2) $\forall v(A \to B)$ 前提

(3) $A \to B$　(1)(2)r_{mp}

(4) $\exists vA \to B$　(3) 存规则

再证 $\exists vA \to B \vdash \forall v(A \to B)$。

(1) $A \to \exists vA$　已证定理

(2) $\exists vA \to B$　前提

(3) $A \to B$　(1)(2) 公理 1.3r_{mp}

(4) $\forall v(A \to B)$　(3) 全$_0$ 规则

FCM 的语义规定也是 FC 语义规定的简单推广，只要增加对联结词 $\vee$，$\wedge$，$\leftrightarrow$ 及存在量词 $\exists$ 的赋值规定即可。与 FC 一样，可以证明 FCM 也是合理的、一致的、完备的。

5.5.2　FND 谓词演算系统

在命题演算的自然推理系统 ND 的基础上，容易扩展出一个谓

词演算的自然推理系统，称为FND。FND是在ND中添加下列规则扩展而成，主要是增加有关量词的推理规则，其余保持不变。

1. $\forall$ 引入规则

$\dfrac{\Gamma \vdash A}{\Gamma \vdash \forall vA}$，$v$ 在 Γ 中无自由出现。

$\forall$ 引入规则其实就是对应着FC中全称引入定理。

2. $\forall$ 消除规则

$\dfrac{\Gamma \vdash \forall vA}{\Gamma \vdash A_t^v}$，项 t 对变元 v 可代入。

它依据FC的公理 $\forall vA \to A_t^v$（项 t 对变元 v 可代入）。

3. $\exists$ 引入规则

$\dfrac{\Gamma \vdash A_t^v}{\Gamma \vdash \exists vA}$，项 t 对变元 v 可代入。

它依据FC定理 $A_t^v \to \exists vA$（项 t 对变元 v 可代入）

4. $\exists$ 消除规则

$\dfrac{\Gamma \vdash \exists vA, \Gamma; A_c^v \vdash B}{\Gamma \vdash B}$，其中常元 c 在 Γ 及公式 A，B 中均无出现。

它依据FC的存在消除定理。

下面通过几个例子来说明FND系统内的逻辑推演。

例 5.5.4 $\vdash_{\mathrm{FND}} \forall v(A \to B) \to (\forall vA \to \forall vB)$

证明

(1) $\forall v(A \to B), \forall vA \vdash \forall vA$ 公理

(2) $\forall v(A \to B), \forall vA \vdash A$ (1) $\forall$ 消除

(3) $\forall v(A \to B), \forall vA \vdash \forall v(A \to B)$　公理

(4) $\forall v(A \to B), \forall vA \vdash A \to B$　(3) $\forall$ 消除

(5) $\forall v(A \to B), \forall vA \vdash B$　(2)(4) $\to$ 消除

(6) $\forall v(A \to B), \forall vA \vdash \forall vB$　(5) $\forall$ 引入

(7) $\forall v(A \to B) \vdash \forall vA \to \forall vB$　(6) $\to$ 引入

(8) $\vdash \forall v(A \to B) \to (\forall vA \to \forall vB)$　(7) $\to$ 引入

例 5.5.5　$\vdash_{\mathrm{FND}} \exists vA \to \neg \forall v \neg A$

证明

(1) $\exists vA, \forall v \neg A \vdash \exists vA$　公理

(2) $\exists vA, \forall v \neg A; A_c^v \vdash \forall v \neg A$　公理(c 为新引入常元)

(3) $\exists vA, \forall v \neg A; A_c^v \vdash \neg A_c^v$　(2) $\forall$ 消除

(4) $\exists vA, \forall v \neg A; A_c^v \vdash A_c^v$　公理

(5) $\exists vA, \forall v \neg A; A_c^v \vdash B \wedge \neg B$　(3)(4) $\neg$ 消除(c 在 B 中无出现)

(6) $\exists vA, \forall v \neg A \vdash B \wedge \neg B$　(1)(5) $\exists$ 消除

(7) $\exists vA, \forall v \neg A \vdash B$　(6) $\wedge$ 消除

(8) $\exists vA, \forall v \neg A \vdash \neg B$　(6) $\wedge$ 消除

(9) $\exists vA \vdash \neg \forall v \neg A$　(7)(8) $\neg$ 引入

(10) $\vdash \exists vA \to \neg \forall v \neg A$　(9) $\to$ 引入

例 5.5.6　$\exists v(A \vee B) \dashv\vdash \exists vA \vee B$,变元 v 在 B 中无自由出现。

证明

先证:$\exists v(A \vee B) \vdash_{\mathrm{FND}} \exists vA \vee B$。

(1) $\exists v(A \vee B) \vdash \exists v(A \vee B)$　公理

(2) $\exists v(A \vee B); A_c^v \vee B; A_c^v \vdash A_c^v$　公理

　　(c 为新引入常元,v 在 B 中无自由出现)

(3) $\exists v(A \vee B); A_c^v \vee B; A_c^v \vdash \exists vA$　(2) $\exists$ 引入

(4) $\exists v(A \lor B);A_c^v \lor B;A_c^v \vdash \exists vA \lor B$ (3) $\lor$ 引入

(5) $\exists v(A \lor B);A_c^v \lor B;B \vdash B$ 公理

(6) $\exists v(A \lor B);A_c^v \lor B;B \vdash \exists vA \lor B$ (5) $\lor$ 引入

(7) $\exists v(A \lor B);A_c^v \lor B \vdash \exists vA \lor B$ (4)(6) $\lor$ 消除

(8) $\exists v(A \lor B) \vdash \exists vA \lor B$ (1)(7) $\exists$ 消除

再证：$\exists vA \lor B \vdash_{\mathrm{FND}} \exists v(A \lor B)$。

(1) $\exists vA \lor B;\exists vA \vdash \exists vA$ 公理

(2) $\exists vA \lor B;\exists vA;A_c^v \vdash A_c^v$ 公理

(3) $\exists vA \lor B;\exists vA;A_c^v \vdash A_c^v \lor B_c^v$ (2) $\lor$ 引入

(4) $\exists vA \lor B;\exists vA;A_c^v \vdash \exists v(A \lor B)$ (3) $\exists$ 引入

(5) $\exists vA \lor B;\exists vA \vdash \exists v(A \lor B)$ (1)(4) $\exists$ 消除

(6) $\exists vA \lor B;B \vdash B$ 公理

(7) $\exists vA \lor B;B \vdash A \lor B$ (6) $\lor$ 引入

(8) $\exists vA \lor B;B \vdash \exists v(A \lor B)$ (7) $\exists$ 引入

(9) $\exists vA \lor B \vdash \exists v(A \lor B)$ (5)(8) $\lor$ 消除

例 5.5.7 $\forall v(A \land B) \vdash\dashv \forall vA \land \forall vB$

证明

先证：$\forall v(A \land B) \vdash_{\mathrm{FND}} \forall vA \land \forall vB$。

(1) $\forall v(A \land B) \vdash \forall v(A \land B)$ 公理

(2) $\forall v(A \land B) \vdash A \land B$ (1) $\forall$ 消除

(3) $\forall v(A \land B) \vdash A$ (2) $\land$ 消除

(4) $\forall v(A \land B) \vdash \forall vA$ (3) $\forall$ 引入

(5) $\forall v(A \land B) \vdash \forall vB$ 同理(4)

(6) $\forall v(A \land B) \vdash \forall vA \land \forall vB$ (4)(5) $\land$ 引入

再证：$\forall vA \land \forall vB \vdash_{\mathrm{FND}} \forall v(A \land B)$。

(1) $\forall vA \land \forall vB \vdash \forall vA \land \forall vB$ 公理

(2) $\forall vA \wedge \forall vB \vdash \forall vA$　(1) $\wedge$ 消除

(3) $\forall vA \wedge \forall vB \vdash A$　(2) $\forall$ 消除

(4) $\forall vA \wedge \forall vB \vdash B$　同理(3)

(5) $\forall vA \wedge \forall vB \vdash A \wedge B$　(3)(4) $\wedge$ 引入

(6) $\forall vA \wedge \forall vB \vdash \forall v(A \wedge B)$　(5) $\forall$ 引入

由于FND是在ND的基础上扩建而来,而FC的公理均为ND的定理,因此 FC 的公理也为 FND 的定理。同样地,也可以验证 FND 的合理性、一致性和完备性。

习　题

1. 设有如下推理语句:

(1) 没有无知的教授。

(2) 所有无知者均爱虚荣。

(3) 则没有爱虚荣的教授。

试问由(1) 和(2) 能否推出(3)?

2. 判断下列各论断是否正确。

(1) 班上的所有学生都理解逻辑。John 是班上的同学。因此 John 理解逻辑。

(2) 每个计算机专业的学生都要学习离散数学。Tom 在学离散数学。因此 Tom 是计算机专业的学生。

(3) 所有的鹦鹉都喜欢水果。我养的鸟不是鹦鹉。因此我养的鸟不喜欢水果。

(4) 每天吃麦片的人都很健康。Linda 不健康。因此 Linda 没有每天吃麦片。

3. 设 A,B 为 FC 中任意公式,v 在 A 中无自由出现,试证:

(1) $\vdash(A\to\exists vB)\to\exists v(A\to B)$

(2) $\vdash\exists v(A\to B)\to(A\to\exists vB)$

(3) $\vdash(\forall vB\to A)\to\exists v(B\to A)$

(4) $\vdash\exists v(B\to A)\to(\forall vB\to A)$

(5) 若 $\vdash A\to B$,则 $\vdash\forall vA\to\forall vB$。

(6) $A\to B\models\forall uA\to\forall uB$ 未必成立,从而 $A\to B\vdash\forall uA\to\forall uB$ 不真。

4. 在 FC 中证明:

(1) $\forall x(A\to B)\ \vdash\dashv\ A\to\forall xB$,$x$ 在 A 中无自由出现。

(2) $\forall x(A\to B)\ \vdash\dashv\ \exists xA\to B$,$x$ 在 B 中无自由出现。

(3) $\forall x(A\wedge B)\ \vdash\dashv\ \forall xA\wedge\forall xB$

(4) $\exists x(A\vee B)\ \vdash\dashv\ \exists xA\vee\exists xB$

(5) 设$\Gamma=\{P(\text{Sam}),G(\text{Clyde})\wedge L(\text{Clyde},\text{Oscar}),(P(\text{Oscar})\ \forall G(\text{Oscar}))\wedge L(\text{Oscar},\text{Sam})\}$,则有 $\Gamma\vdash\exists x\exists y(G(x)\wedge P(y)\wedge L(x,y))$。

(6) 设 $\Gamma=\{\forall x(N(x)\to E(x)\ \forall O(x)),\forall x(N(x)\to(E(x)\leftrightarrow G(x))),\neg\forall x(N(x)\to G(x))\}$,则有 $\Gamma\vdash\exists x(N(x)\wedge O(x))$。

(7) 设 $\Gamma=\{\exists x(P(x)\wedge\forall y(D(y)\to L(x,y))),\forall x\forall y(P(x)\wedge Q(y)\to\neg L(x,y))\}$,则有 $\Gamma\vdash\forall y(D(y)\to\neg Q(y))$。

5. 证明

(1) $P_1^{(1)}(v_1)\not\models\forall v_1P_1^{(1)}(v_1)$

(2) $\not\models_T P_1^{(1)}(v_1)\to\forall v_1P_1^{(1)}(v_1)$

(3) $\models_T\exists v_1(P_1^{(1)})(v_1)\to\forall v_1P_1^{(1)}(v_1))$

(4) $\neg P_1^{(1)}(v_1)\to\forall v_1P_1^{(1)}(v_1)$ 是可满足的。

6. 给出下列公式为真的解释和指派。

(1) $\forall x(P(x) \to Q(x))$

(2) $\exists x(F(x) \lor G(x))$

(3) $\forall x(F(x) \land G(x))$

7. 设 Γ 为 FC 任一公式集，A，B 为其公式，要求直接由 $\vDash_T$ 的定义进行证明：

(1) $\Gamma;A \vDash_T B$ 当且仅当 $\Gamma \vDash_T A \to B$。

(2) $\vDash_T A$ 当且仅当 $\vDash_T \forall vA$（v 为任一变元）。

(3) $\forall v(A \to B), \forall vA \vDash_T \forall vB$。

8. 证明：对 FCM 的任意公式 A，B，C 有：

(1) $\vdash(\neg A \to A) \to A$

(2) $\vdash((A \lor B) \to C \leftrightarrow ((A \to C) \land (B \to C))$

9. 在 FND 中，对任意公式 A，B，C，证明：

(1) $A \to (B \to C) \vdash\dashv (A \land B) \to C$

(2) $\exists v \forall uA \vdash \forall u \exists vA$

参考文献

[1] 孙希文. 数理逻辑引论[M]. 哈尔滨:哈尔滨工业大学出版社,1991.

[2] 王元元. 计算机科学中的现代逻辑学[M]. 北京:科学出版社,2001.

[3] 汪芳庭. 数理逻辑[M]. 合肥:中国科学技术大学出版社,2010.

[4] 莫绍揆. 数理逻辑概貌[M]. 北京:科学技术文献出版社,1989.

[5] 陆钟万. 面向计算机科学的数理逻辑[M]. 2 版. 北京:科学出版社,2006.

[6]KENNETH H R. 离散数学及其应用[M]. 5 版. 袁崇义,等译. 北京:机械工业出版社,2007.

[7]HERBERT B E. A Mathematical Introduction to Logic[M]. 2nd ed. 北京:人民邮电出版社,2006.

[8] 朱煜华,吴可. 数理逻辑概论[M]. 北京:中共中央党校出版社,1992.

[9] 朱梧槚,肖奚安. 数理逻辑引论[M]. 大连:大连理工大学出版社,2008.

[10] 张尚水. 数理逻辑导引[M]. 北京:中国社会科学出版社,1990.

[11] 陈慕泽. 数理逻辑教程[M]. 上海:上海人民出版社,2001.

[12] 邢滔滔. 数理逻辑[M]. 北京:北京大学出版社,2008.

[13] 张再跃,张晓如. 数理逻辑[M]. 北京:清华大学出版社,2013.

[14] 朱保平. 数理逻辑及其应用[M]. 北京:北京理工大学出版社,1998.

[15] 王宪钧. 数理逻辑引论[M]. 北京:北京大学出版社,1998.

[16] 王捍贫. 数理逻辑(离散数学第一分册)[M]. 北京:北京大学出版社,1997.